Richtig planen, durchführen und dokumentieren
1. Auflage

TÜV Media

Das integrierte Management-Review

TÜV Rheinland®
Genau. Richtig.

Autor:
Dr.-Ing. Wolfgang Kallmeyer, Partner der TÜV Rheinland Consulting GmbH

Bibliografische Informationen der Deutschen Nationalbibliothek
Die Deutsche Nationalbibliothek verzeichnet diese Publikation in der Deutschen Nationalbibliografie. Detaillierte bibliografische Daten sind im Internet über http://dnb.d-nb.de abrufbar.

ISBN 978-3-7406-0626-8 (Print)
ISBN 978-3-7406-0627-5 (E-Book)

www.tuev-media.de

Über die Broschüre

Zielsetzung

Managementbewertungen gehören zur alltäglichen Praxis für alle Organisationen, die ein zertifiziertes Managementsystem unterhalten. In dieser Broschüre erhalten Sie einleitende Informationen, auf welchen Grundlagen Managementbewertungen in einem integrierten Managementsystem beruhen und welche normativen Anforderungen dabei zu berücksichtigen sind.

Im Kern der Broschüre erfahren Sie, wie Sie bei einem integrierten System aus ISO 9001, ISO 14001, ISO 45001 und ISO 50001 eine normenkonforme und trotzdem übersichtliche Managementbewertung durchführen können, was Inhalt der dokumentierten Bewertung sein muss und was gegebenenfalls in andere begleitende Dokumente (Anlagen) ausgelagert werden kann.

Außerdem erhalten Sie Hinweise, in welchen Schritten und mit welchen Methoden Sie die Managementbewertung in der Praxis gestalten können. Auch die Freiräume die Sie haben, um dabei den Bedürfnissen ihrer Organisation gerecht zu werden, werden aufgezeigt. Der Umgang mit der Managementbewertung im Nachgang ist ebenso Thema, damit Ihre Organisation daraus den größtmöglichen Nutzen ziehen kann.

Arbeitshilfen zum Download

Die im Text angeführten Klammersymbole verweisen auf Arbeitshilfen, die Sie bei der Erstellung und Dokumentation eines Management-Reviews unterstützen und die wir Ihnen zum Download bereitgestellt haben. Sie können die Dokumente frei bearbeiten und an Ihre eigenen betrieblichen Anforderungen anpassen.

Verweismatrix Managementbewertung

60626_01.xlsx

Die vier hier betrachteten Managementsysteme (ISO 9001/ISO 14001/ISO 45001/ISO 50001), bilden die Grundlage für das vorgestellte IMS. Dabei erheben sie nur auf den ersten Blick gemeinsam die Forderung nach einem Management-Review. Bei der genauen Analyse unterscheiden sich, neben vielen Gemeinsamkeiten, die Forderungen der spezifischen Managementsysteme in einigen Punkten. Eine detaillierte Gegenüberstellung der Anforderungen gibt die Verweismatrix zur Managementbewertung.

Verweismatrix Datenquellen

60626_02.xlsx

Um die Datenerfassung für das Management-Review übersichtlich zu gestalten, ist es hilfreich, eine Verweismatrix zu erstellen, aus der die Details der zu erfassenden Daten ersichtlich werden. Dazu gehören Datenquellen, Art der Daten, Verantwortlicher für die Erfassung, Aufbereitung und Bereitstellung der Daten, Zeitpunkt(e) der Bereitstellung der Daten. Die Arbeitshilfe bietet dazu eine erprobte Vorlage.

Management Review: Vorlage – Word

60626_03.docx

Für die Art der Darstellung des Protokolls zum Management-Review gibt es keine Normenvorgaben. In der Praxis eingebürgert haben sich drei Formen, die sich gängiger Microsoft-Office-Programme bedienen (Word, PowerPoint, Excel). Die in der Fachbroschüre vorgestellten Formen des Muster-Reviews eines fiktiven Unternehmens unterscheiden sich inhaltlich nicht. Sie haben jedoch bedingt durch ihre Darstellungsweise spezifische Vor- und Nachteile. Überwiegend wird das Management-Review in der hier zum Download angebotenen klassischen Form eines Word-Dokuments erstellt. Dabei liegt der Vorteil dieser Vorgehensweise darin, dass die meisten Anwender in der Nutzung einer Textverarbeitung geübt sind.

60626_04.pptx

Management Review: Vorlage – PowerPoint

Zunehmend wird in der Praxis das Management-Review in der hier zum Download angebotenen Form einer PowerPoint-Präsentation erstellt. Das hat den Vorteil, dass die Ergebnisse des Reviews für Präsentationen geeignet sind. Aufgrund der Folienstruktur können Themen der Bewertung auch übersichtlicher voneinander abgegrenzt werden.

60626_05.xlsx

Management Review: Vorlage Excel

In der Praxis wird das Management-Review nur selten in Form einer Excel-Tabelle angewendet, da die Inhalte des Reviews überwiegend in Form von Texten dokumentiert sind. Excel ist ein Rechenprogramm und nicht als Textverarbeitungsprogramm konzipiert. Jedoch lassen sich in einer Tabellenstruktur Texte sehr übersichtlich gliedern, und Sie können Bewertungen über Zahlen oder Farben direkt verknüpft darstellen. Diese Art der Darstellung hat häufig auch einen geringeren Umfang (Seitenzahl) als das Word- oder PowerPoint-Format. Bei einem IMS mit vier integrierten Managementsystemen und seinen vielen Bewertungsthemen ist das ein deutlicher Vorteil.

60626_06.docx

Kennzahlenmatrix IMS

Die im Management-Review beschlossenen neuen oder geänderten Kennzahlen und die dazu gehörenden Zielwerte können im Protokoll des Management-Reviews dokumentiert werden. Um den Umfang des Reviews zu begrenzen, erfolgt deren Dokumentation häufig in separaten Anhängen zum Protokoll. In der hier vorgestellten Form einer Matrix sind die Kennzahlen für eine weitere Bearbeitung und Verfolgung über längere Zeiträume hinweg übersichtlich angeordnet und sehr gut zu handhaben.

Die Arbeitshilfen stehen für Sie zum Download bereit unter:

www.tuev-media.de/download/60626.php

Passwort: 21295

Inhalt

Über die Broschüre 3

1 Zielstellung des Management-Reviews 7

1.1 Normativer Kontext des Management-Reviews 7

1.2 Erwartungen an das Management-Review im IMS 9

1.3 Management-Review aus Sicht der Zertifizierung 11

1.4 Umfang und Durchführung des Management-Reviews 13

1.5 Vergleichbarkeit der Normenforderungen 15

2 Vorbereitung des Management-Reviews 19

2.1 Ablaufschritte des Management-Reviews 19

2.2 Turnus der Bewertung 20

2.3 Management-Review versus Geschäftsbericht/Geschäftsplanung 23

2.4 Management-Review strukturieren 24

2.5 Datenquellen festlegen 26

3 Erstellung des Management-Reviews 29

3.1 Organisatorische Methoden der Erstellung 29

3.2 Dokumentarische Anforderungen 31

3.3 Review-Daten bewerten und Maßnahmen festlegen 34

3.4 Ergebnisse dokumentieren und Maßnahmenplan erstellen 35

4 Kommunikation zum Management-Review 39

5 Nachverfolgung des Management-Reviews 41

6 Quellen 43

1 Zielstellung des Management-Reviews

1.1 Normativer Kontext des Management-Reviews

Managementbewertung

Die Managementbewertung nach Normkapitel 9.3 ist eine gemeinsame Anforderung von auf ISO-Normen basierenden Managementsystemen (z. B. ISO 9001, 14001 und anderen), die die Grundlage von externen Zertifizierungen bilden. Im Allgemeinen wird sie in vielen Organisationen auch als Management-Review bezeichnet. Diese Bezeichnung wird im Folgenden hauptsächlich verwendet, da sie sich in der Praxis eingebürgert hat. Der Begriff „Review" steht für eine kritische Überprüfung oder Nachprüfung und bezieht sich in diesem Fall auf ein oder mehrere Managementsysteme (MS).

Erfüllen der Rechenschaftspflicht

Die Durchführung der Managementbewertung ist kein Selbstzweck, sondern hat im Kontext von Managementsystemen eine wesentliche Funktion. Es ist das Erfüllen der Rechenschaftspflicht der obersten Leitung über die Leistungsfähigkeit sowie die Funktionstüchtigkeit der Managementsysteme, die das IMS umfasst. Mit der Anforderung an ein Management-Review steht die oberste Leitung in der Pflicht, sich mit den Belangen des IMS auf der Grundlage von Zahlen, Daten, Fakten auseinanderzusetzen und Entscheidungen zu treffen sowie diese umzusetzen. So hilft das Management-Review dabei, Transparenz bei Entscheidungen, Zielen und daraus abgeleiteten Maßnahmen zu schaffen, die zur Leistungsverbesserung der Prozesse der Organisation und des Managementsystems dienen. Außerdem sollen mithilfe des Reviews Fehler im IMS frühzeitig erkannt oder vermieden werden.

Integration von MS

Die Integration von Managementsystemen der ISO ist mit der Einführung der High Level Structure im Jahr 2013 für alle zertifizierungsfähigen ISO-Managementsystemnormen deutlich erleichtert worden. Dabei sind neben der Gliederung der Normen (Kapitelstrukturen auf der ersten Gliederungsebene) auch Begriffe und Definitionen vereinheitlicht worden. Somit besteht auch sprachlich eine einheitliche Anforderung an die Managementbewertung für die einzelnen Managementsysteme.

Diese Broschüre befasst sich mit dem Thema Management-Review anhand eines ausgewählten Integrierten Managementsystems (IMS), bestehend aus der ISO 9001 – Qualitätsmanagementsystem (QMS) [1], der ISO 14001 – Umweltmanagementsystem (UMS) [2], der ISO 45001 – Sicherheit, Gesundheit, Arbeitsschutz (SGA) [3] und der ISO 50001 – Energiemanagementsystem (EnMS) [4].

Ablauf

Abbildung 1 zeigt den Ablauf eines Management-Reviews in einem IMS unter Berücksichtigung der verschiedenen Arten von Organisationsprozessen und der daraus entstehenden dokumentierten Informationen (Berichte) zur Leistung und Wirksamkeit der normativen Elemente des IMS.

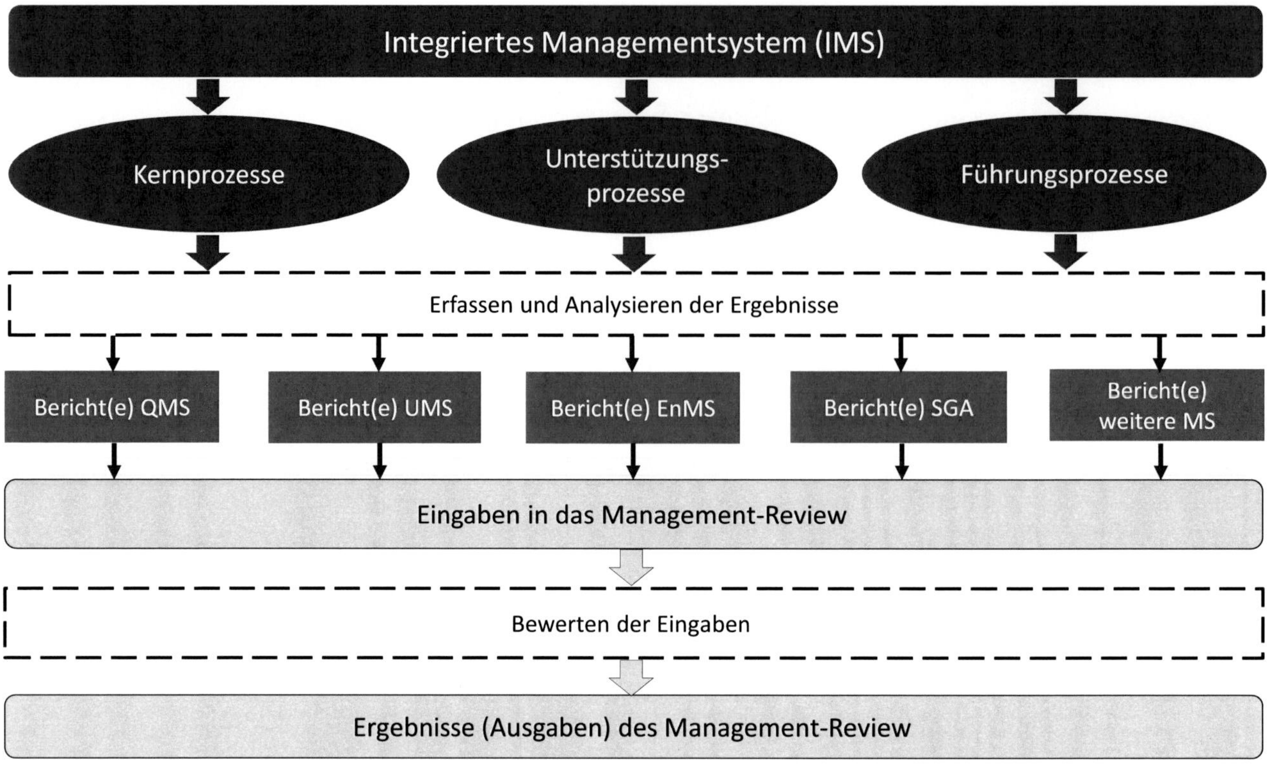

Abb. 1: Ablauf Management-Review in einem IMS

Die dokumentierten Informationen aus den Prozessen werden nach Themen, die für das Review relevant sind, ausgewählt und in das Management-Review eingesteuert. Dort werden sie nach dem Grad der Erfüllung von Vorgaben/Zielen bewertet und zu Ergebnissen verarbeitet. Diese dienen dazu, auch zukünftig die Weiterentwicklung des IMS zu gewährleisten.

Grundanforderungen

Was sind die Grundanforderungen der IMS-Normen an das Management-Review? Die Formulierung zum Normkapitel 9.3 „Managementbewertung" dazu lautet: *„Die oberste Leitung muss das (spezifische) Managementsystem in geplanten Abständen bewerten, um dessen fortlaufende Eignung, Angemessenheit und Wirksamkeit sicherzustellen."*

Oberste Leitung

Wenn man diesen Satz in seinen Teilen analysiert, stellt sich zuerst die Frage, wer mit der obersten Leitung gemeint ist. Dazu gibt es eine Definition im jeweiligen Normkapitel 3 „Begriffe". Als oberste Leitung definiert wird: „die Person oder Personengruppe, die eine Organisation auf oberster Ebene führt und steuert". Dabei gibt es in der Praxis schon Unterschiede in der Leitungsorganisation, die sich z. B. aus der Unternehmensgröße und seiner -struktur ergeben. In einem mittelständischen Unternehmen mit nur einem Standort ist die Frage nach der obersten Leitung wohl meist einfach zu beantworten. Es ist der Geschäftsführer oder die Geschäftsführung.

Komplexe Unternehmensstrukturen

Bei einem weltumspannenden Konzern mit Tochtergesellschaften und Standorten in vielen Ländern ist die Antwort auf die Frage nach der obersten Leitung schon etwas komplexer. In der Praxis geht man dazu auf die nationalen Gesellschaften und deren Führung als oberste Leitung zurück. Im Einzelfall kann bei größeren Standorten (unselbstständige Werke einer nationalen Gesellschaft) als oberste Leitung auch die Werksleitung aufgefasst werden. Besteht die oberste Leitung aus mehr als einer Person (Führungsgremium), sollte auf eine davon explizit die Verantwortung (z. B. über Geschäftsverteilungsplan) für das oder die Managementsystem(e) übertragen werden.

Geplante Abstände

Als Nächstes ist der Begriff „geplante Abstände" im Sinne der Normen zu klären. Die Wortwahl weist auf eine regelmäßige wiederkehrende Aktion der obersten Leitung hin. Zur Klärung dieser Frage ist die gelebte Praxis heranzuziehen. Der maximale Abstand zwischen einem Management-Review und dem nächsten beträgt in der Regel zwölf Monate. Das ergibt sich aus der Pflicht der Zertifizierungsgesellschaften (Vorgabe der Deutschen Akkreditierungsstelle, DAkkS), jährlich ein Überwachungsaudit der zertifizierten Managementsysteme ihrer Kunden vornehmen zu müssen. Zu den wichtigsten Prüfpunkten gehören dabei das zuletzt durchgeführte interne Audit und das aktuelle Management-Review. Beide sollten zum Zeitpunkt der Prüfung in der Regel nicht älter als drei Monate sein, wobei das interne Audit vor dem Management-Review durchgeführt werden muss, da die Ergebnisse des internen Audits im Review bewertet werden müssen.

Eignung, Angemessenheit und Wirksamkeit

Bleibt als letzter Punkt zu klären, was die Bewertung von Eignung, Angemessenheit und Wirksamkeit des Managementsystems oder der Managementsysteme im IMS bedeutet. Was genau da zu bewerten ist, steht in der ISO 14001 und 45001 im Normkapitel 9.3 „Managementbewertung". Die Definitionen lauten:

Eignung
Inwieweit das oder die Managementsystem(e) zur Organisation, ihrem Betriebsablauf, ihrer Kultur und dem Geschäftssystem passen.

Angemessenheit
Inwieweit das oder die Managementsystem(e) korrekt verwirklicht werden.

Wirksamkeit
Inwieweit das oder die Managementsystem(e) die beabsichtigten Ergebnisse liefern.

Zusätzliche Anforderung

In der ISO 9001 und ISO 50001 fehlen diese Erläuterungen, sie können aber direkt auch auf diese Systeme übertragen werden. Die ISO 9001 und die ISO 50001 haben aber eine zusätzliche Anforderung an das Management-Review: die Angleichung und Übereinstimmung des IMS mit der strategischen Ausrichtung der Organisation. Vorrangige Aufgabe einer Strategie ist es, die Organisation in ihrem Umfeld so aufzustellen, dass sie nachhaltig wettbewerbs- und renditefähig wird, um die Voraussetzungen für eine positive Zukunft zu schaffen. Managementsysteme können wesentlich dazu beitragen, dass eine Organisation nachhaltigen Erfolg generieren kann, wenn die Prozesse der Managementsysteme, integriert in die Organisationsprozesse, ihre regulative Wirkung entfalten können.

1.2 Erwartungen an das Management-Review im IMS

Steuerung durch Integration

Managementsysteme bilden einen Ordnungsrahmen für definierte Themen, der von Organisationen/Unternehmen genutzt werden kann, um ihre Leistungsfähigkeit bei diesen Themen der Normen (z. B. Umwelt oder Energie) zu steigern. Bei integrierten Systemen werden immer mehr Unternehmensprozesse von den Forderungen der Managementsysteme abgedeckt. Der Anteil der Unternehmensprozesse, zu denen keine normativen Anforderungen bestehen, wird mit jedem weiteren Managementsystem, das die Organisation in ihr integriertes Managementsystem eingliedern möchte, geringer. Die Leitung einer Organisation mit einem IMS, das z. B. aus dem Qualitätsmanagement nach ISO 9001, einem Umweltmanagement nach ISO 14001, einem Arbeits- und Gesundheitsschutzmanagement nach ISO 45001 und einem Energiemanagement nach ISO 50001 besteht, kann diese Organisation schon weitgehend über die Managementsysteme und deren Prozesse steuern.

Regelungsvorgaben und Freiheiten

Nimmt man noch die bestehenden rechtlichen Anforderungen an die Organisation hinzu, die auch erfüllt werden müssen, dann gibt es kaum noch

Themen, bei denen die Leitung völlig frei entscheiden kann, wie sie damit umgehen möchte. Wobei klargestellt werden muss, dass durch die Managementsysteme nur normativ vorgegeben ist, „was geregelt werden muss". „Wie etwas geregelt wird", entscheidet die Führung der Organisation selbst.

Einhaltung rechtlicher Anforderungen

Die rechtlichen Anforderungen gehen häufig noch etwas weiter. Neben dem „Was" ist auch das „Wie" zum Teil schon vorgegeben, z. B. die Bestellung eines gesetzlich geforderten Beauftragten (z. B. im Emissionsschutz) und seine Aufgaben in der Organisation betreffend. Die Einhaltung rechtlicher Anforderungen ist im Management-Review ein Prüfpunkt in fast allen Normen, die in diesem Beispiel betrachtet werden. Die Ausnahme bildet die ISO 9001. In ihr ist explizit nicht im Normkapitel 9.3 „Managementbewertung" Rechtskonformität gefordert, es gibt nur in Normkapitel 4.2 „Verstehen der Erfordernisse und Erwartungen interessierter Parteien" im ersten Absatz den Hinweis bezüglich der Bereitstellung von Produkten und Dienstleistungen, dass zutreffende gesetzliche und behördliche Anforderungen erfüllt sein müssen. Für sehr viele Unternehmen bestehen im Rahmen der Produkthaftung und der Produktzulassung Pflichten, sich an rechtliche Rahmenbedingungen zu halten. Bespiele wären etwa die CE-Konformitätserklärung, ohne die viele Produkte auf dem europäischen Markt nicht mehr vertrieben werden dürfen, oder das deutsche Produktsicherheitsgesetz (Basis ist eine EU-Richtlinie). Auch für Dienstleistungen können rechtliche Anforderungen vorliegen, z. B. bei Zulassungen für Organisationen oder Personen für bestimmte Tätigkeiten wie Elektrofachkraft oder Fachbetrieb nach Wasserhaushaltsgesetz. Daher macht es Sinn, aus dem Management-Review die Bewertung der Compliance bei erzeugten Produkten und Dienstleistungen nicht auszunehmen.

PDCA-Zyklus

Das Management-Review übernimmt auch eine herausragende Funktion im PDCA-Zyklus von William Edwards Deming, bestehend aus **P**lanen, **D**urchführen, **C**hecken (= Überprüfen) und **A**ktion (= Handeln). Das Management-Review ist den Phasen Checken und Aktion zuzuordnen. Abbildung 2 zeigt den Zusammenhang des PDCA-Zyklus mit der stetigen Verbesserung und die Bedeutung des Management-Reviews für die Funktionsfähigkeit des Modells.

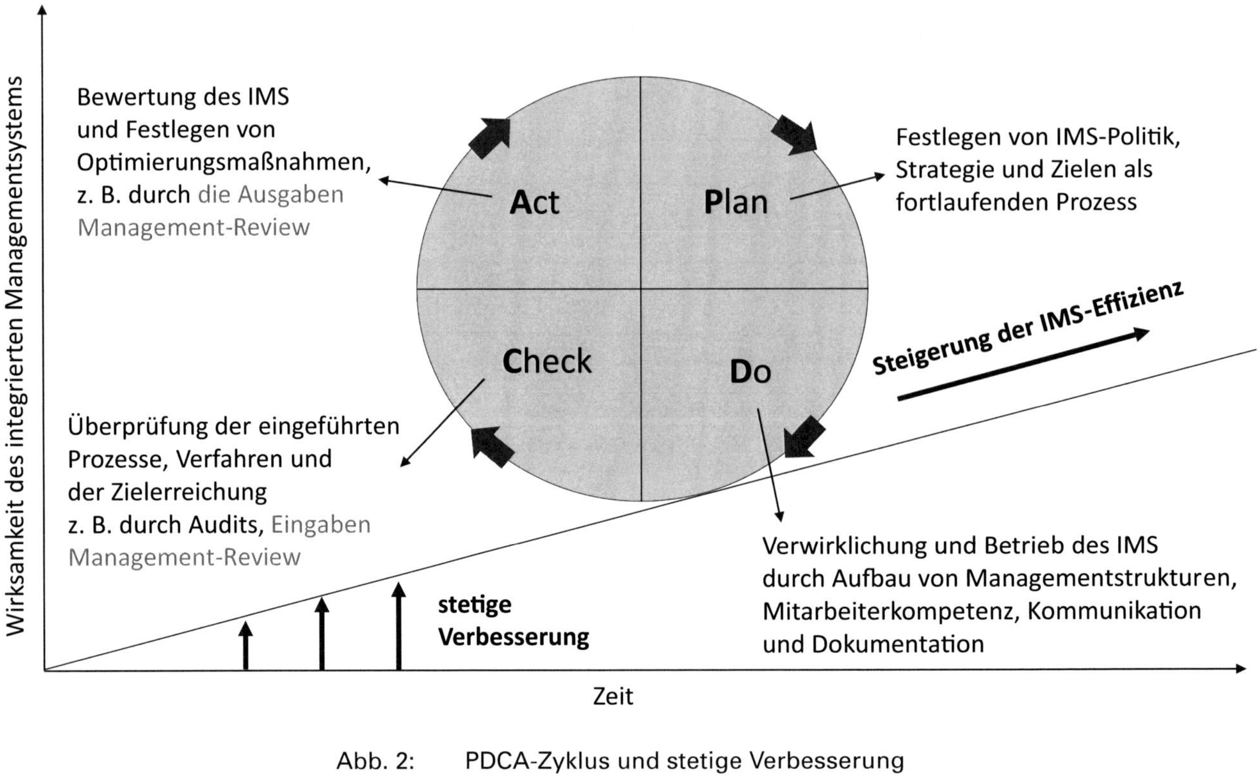

Abb. 2: PDCA-Zyklus und stetige Verbesserung

In dem Modell wird deutlich, dass das Management-Review aus zwei Teilen mit unterschiedlichen Aufgaben für die oberste Leitung besteht:

Zwei Aufgabenteile

1. Den Eingaben in die Bewertung, die gemäß den spezifischen Normen aus einer Sammlung von wichtigen Leistungsindikatoren bestehen. Dies sind die Zahlen, Daten und Fakten, anhand deren Eignung, Angemessenheit, Wirksamkeit und weitere zu bewertende Faktoren der Managementsysteme des IMS ermittelt und hinsichtlich der Zielstellung von der obersten Leitung bewertet werden müssen.
2. Die Ausgaben der Bewertung sind die Schlussfolgerungen, die aus der Bewertung zu ziehen sind, sowie die daraus resultierenden Maßnahmen für die Zukunft, um Eignung, Angemessenheit und Wirksamkeit des IMS zu verbessern.

Werkzeug zur Strategieentwicklung

Das Management-Review kann auch ein Werkzeug sein, um die Strategieentwicklung der Organisation zu fördern. Die im Rahmen des Reviews durchzuführende Überprüfung des Kontexts (interner und externe Themen) erfasst die wesentlichen internen und externen Einflussfaktoren wie Kompetenz, Wettbewerb, Ressourcen, technologische Entwicklung und einiges mehr. Veränderungen im Kontext können zu Chancen, aber auch zu Risiken für die Organisation führen, denen über Veränderungen in der Strategie Rechnung getragen werden kann. Derart entwickelte Strategien unterliegen dann im Review der Bewertung durch die oberste Leitung. Eine Maßnahme aus der Bewertung kann z. B. die Änderung der Organisationsstrategie in einem Punkt sein, z. B. wenn das Risiko der Marktsättigung im Heimatmarkt besteht, sich aber die Chance bietet, sich stärker auf bestimmte Exportmärkte zu fokussieren. Das Management-Review empfiehlt sich somit als Werkzeug der Strategieumsetzung. Es verbindet den Rückblick auf das vergangene Jahr mit dem Ausblick auf die kommende Periode von einem bis max. drei Jahren. Dieser mittelfristige Zeithorizont ist für die Umsetzung von strategischen Entscheidungen von wesentlicher Bedeutung.

1.3 Management-Review aus Sicht der Zertifizierung

Prüfpunkt bei der Zertifizierung

Der Hauptzeck des Management-Reviews ist die interne Sicht der Leitung auf die Wirksamkeit und den Erfolg der implementierten Managementsysteme. Diese Sichtweise erfasst allerdings nicht alle Anspruchsgruppen bezüglich dieser Normenforderung. In der Regel ist das Management-Review auch ein wesentlicher Prüfpunkt im Rahmen eines Zertifizierungsverfahrens durch eine externe Zertifizierungsgesellschaft. Bei dieser Prüfung bewertet der Zertifizierungsauditor, ob und in welcher Art und Weise die einzelnen Normenforderungen erfüllt sind. Wie die Umsetzung der Organisation aussieht, ist in der Norm nicht festgelegt. Dafür eröffnen sich dem Unternehmen Spielräume, z. B. hinsichtlich Gliederungsstruktur, Umfang oder Darstellungsform des Reviews. Beim Audit wird durch den Auditor geprüft, ob die Anforderungen der Norm erfüllt sind (Mindeststandard), nicht erfüllt sind oder ob noch Verbesserungspotenzial zu erkennen ist. Gerade das Management-Review ist eine der großen Schnittstellen zwischen der obersten Leitung der Organisation und den externen Auditoren. Daher können aufgrund mangelnder Kenntnis der Erwartungen der Auditoren an das Management-Review durch die Leitung atmosphärische Störungen im Audit hervorgerufen werden. Für die Leitung der Organisation ist es daher wichtig, die Erwartungen der Auditoren an das Management-Review zu kennen und bei ihrem Handeln zu berücksichtigen.

Unterschiede in den Anforderungen

Die Themen der Normen, die Anforderungen an ein Managementsystem formulieren, werden im Auditprozess hinsichtlich ihrer Bedeutung für die Wirksamkeit des Managementsystems nicht gleichwertig eingestuft. Themen, die eine wichtige Querschnittfunktion über alle Bereiche hinweg erfüllen, sind für die Wirksamkeit des Managementsystems von größerer Bedeutung als andere, die nur Teilbereiche des Systems betreffen.

Bedeutend

Zu den bedeutenden Themen gehören:

- Kontext der Organisation (Normkapitel 4)
- Führung (Normkapitel 5)
- Planung (Normkapitel 6)
- Kompetenz (Normkapitel 7.2)
- Bewusstsein (Normkapitel 7.3)
- Internes Audit (Normkapitel 9.2)
- Managementbewertung (Normkapitel 9.3)

Weniger bedeutend

Zur zweiten (weniger bedeutenden) Gruppe der Normenthemen gehören:

- Ressourcen (Normkapitel 7.1)
- Kommunikation (Normkapitel 7.4)
- Dokumentierte Information (Normkapitel 7.5)
- Betrieb (Normkapitel 8)
- Überwachung, Messung, Analyse und Bewertung (Normkapitel 9.1)
- Verbesserung (Normkapitel 10)

Die unterschiedliche Bedeutung zeigt sich auch im Zertifizierungsverfahren. Die bedeutenden Kapitel werden in jedem Audit (Zertifizierungsaudit und Überwachungsaudit) geprüft. Von den weniger bedeutenden Kapiteln wird in den beiden Überwachungsaudits nur je die Hälfte geprüft.

Führungs- vs. operative Themen

Betrachtet man die Themenstellung der Normenkapitel und ordnet sie hinsichtlich der Verantwortung den beiden Gruppen Leitungsthemen und operative Themen zu, so kann man erkennen, dass die Gruppe der bedeutenden Themen der Leitung zugeordnet werden kann. Die weniger bedeutenden Themen sind allesamt operative Themen der Organisation. Die herausgehobene Stellung des Management-Reviews beruht auf der Bedeutung dieser Normforderungen, als wesentliches Leitungsthema, für die Wirksamkeit des Managementsystems.

Diese Unterteilung in Führungsthemen und operative Themen, bietet auch die Möglichkeit, die Normenthemen im Management-Review auf diese Weise zu ordnen. Damit lässt sich der statische Charakter der durch die Gliederung der Norm vorgegeben wird, mit der prozessualen Sichtweise der Organisation in Form von Kernprozessen, Unterstützungsprozessen und Führungsprozessen verbinden. Auf gleiche Weise können auch die Normenpunkte bezüglich Eingaben und Ergebnissen des Management-Reviews in Führungs- und operative Themen aufgegliedert werden (s. Abschnitt 2.4).

Aus Sicht von Zertifizierungsauditoren muss ein Management-Review im Grundsatz formalen, inhaltlichen und nachvollziehbaren Kriterien genügen. Darunter wird verstanden:

Formale Kriterien

- Das Management-Review muss zu jedem Bewertungspunkt eine Feststellung zum Sachverhalt enthalten (z.B. Grad der Kundenzufriedenheit im Zeitraum und wo dokumentiert) und darüber hinaus eine Bewertung bezüglich des Zufriedenheitsgrads (z.B. sehr zufrieden, weniger zufrieden). Und schließlich müssen, wenn zutreffend, Folgemaßnahmen festgelegt werden, wenn der Grad der Zufriedenheit nicht das gewünschte Maß aufweist.

Inhaltliche Kriterien

- Alle relevanten Themen aus Eingaben und Ergebnissen des Management-Reviews (z.B. Ergebnisse interner Audits, Ressourcenbereitstellung) müssen im Review enthalten sein. Reihenfolge und Gliederung der Themen sind durch die Organisation selbst festzulegen, dem Auditor gegenüber aber begründet und erläutert werden können.

Nachvollziehbarkeit der Kriterien

- Die Aussagen zu den formalen Kriterien müssen durch begleitende dokumentierte Informationen schlüssig und nachweisbar sein. Bei der Bewertung muss der direkte Bezug zum zugehörigen Sachverhalt gewährleistet sein (z. B. Quellenangabe, Zeitraum). Bei festgelegten Folgemaßnahmen ist der Bezug zur Maßnahmenumsetzung und -verfolgung herzustellen (z. B. Maßnahmenplan 2020). Dieser Maßnahmenplan muss dann auch Verantwortlichkeiten, Termine und andere Lenkungsinformationen enthalten, wie sie in den Normen gefordert werden.

Umfang

Hinsichtlich des Umfangs des Management-Reviews sind Auditoren nicht unglücklich, wenn es sich auf das Wesentliche beschränkt. Der durchschnittliche Zeitaufwand zur Prüfung dieses Normenpunkts wird im externen Audit in der Praxis mit 15 bis 20 Minuten veranschlagt, also nicht sehr viel Zeit, und daher gilt auch dafür das alte Sprichwort: „In der Kürze liegt die Würze."

1.4 Umfang und Durchführung des Management-Reviews

Anleitung zur Anwendung der Norm(en)

In den vier betrachteten Managementsystemnormen gibt es in den Forderungen keine weiteren Hinweise dazu, wie, wann und in welchem Umfang das Management-Review durchzuführen ist. In den Normen ISO 14001, 45001 und 50001 gibt es den informativen Normanhang A „Anleitung zur Anwendung der Norm". Dieser Anhang enthält Informationen und Hilfestellungen für die Anwender der Normen, um deren Nutzung zu erleichtern und Fehlinterpretationen von Forderungen zu vermeiden.

Konkrete Hinweise

Die betreffenden Anhänge in diesen drei Normen enthalten im Normkapitel A.9.3 „Managementbewertung" weitergehende Hinweise zum Umgang mit dem Thema Management-Review. Folgende Hinweise sind den Normen zu entnehmen:

ISO 14001

a) Die Managementbewertung soll einen Überblick über die Leistung und die Wirksamkeit des Managementsystems geben. Sie braucht keine umfassende Bewertung aller detaillierten Informationen zu enthalten, die der Bewertung zugrunde liegen.

b) Die Themen der Managementbewertung müssen nicht alle auf einmal betrachtet werden. Die Bewertung kann über einen Zeitraum verteilt stattfinden und Teil der regelmäßig vorgesehenen Managementtätigkeiten der Organisation sein, z. B. Vorstands- oder Geschäftsleitungssitzungen. Es muss sich nicht zwingend um ein separates Treffen der Leitung handeln.

c) Für die Organisation relevante Beschwerden seitens interessierter Parteien sollen von der Führung dahingehend überprüft werden, ob sich daraus Verbesserungspotenzial ergibt.

d) Die Managementbewertung sollte als Teil des Themas „Management von Änderungen" im Managementsystem verstanden werden, das zur Aufrechterhaltung und Erreichung der beabsichtigten Ziele des Managementsystems beitragen soll.

ISO 45001

e) Die im Normkapitel 9.3 „Managementbewertung" in der Aufzählung a) bis g) genannten Themen (Aufzählung der Input-Aspekte der Bewertung) müssen nicht alle gleichbehandelt werden, da sie von Organisation zu Organisation unterschiedliche Bedeutung haben können. Die Organisation sollte bestimmen, wann und wie die einzelnen Themen in der Bewertung behandelt werden sollen.

ISO 50001

f) Die Managementbewertung sollte den gesamten Anwendungsbereich des Managementsystems umfassen. Es ist aber nicht zwingend notwendig, alle Elemente des Managementsystems auf einmal zu bewerten. Der Bewertungsprozess in seiner Gesamtheit kann sich über einen längeren Zeitraum erstrecken.

Die Aussage der ISO 14001 Punkt b) und ISO 50001 Punkt f) hinsichtlich des Umstands, dass die Bewertung nicht alle Elemente des Managementsystems gleichzeitig umfassen muss, sondern dass diese auch über einen längeren Zeitraum verteilt bewertet werden können, ist identisch. Alle anderen Hinweise sind spezifisch für die einzelnen Systeme.

ISO 9001

In der ISO 9001 fehlt ein vergleichbarer Anhang, der erläuternde Informationen zur Anwendung für den Nutzer bereitstellt. Alle Hinweise in den Anhängen der drei aufgezählten Normen lassen sich im Grundsatz aber auf alle betrachteten Managementsysteme des IMS anwenden, auch auf die ISO 9001. Die bestehenden Erläuterungen lassen sich in dem Sinne interpretieren, dass die oberste Leitung bei der Erfüllung ihrer Pflicht, ein Management-Review zu erstellen, einen höheren Grad an Freiheit besitzt, als in der gängigen Praxis zurzeit in Anspruch genommen wird.

Schlussfolgerung

Für das Management-Review lassen sich folgende Schlussfolgerungen aus den Hinweisen in den Anhängen ableiten:

- Es ist ein zusammenfassender Überblick über die wesentlichen Leistungen und die Wirksamkeit des IMS.
- Die Themen und die Bewertung können über einen längeren Zeitraum verteilt bearbeitet werden.
- Zur Bewertung können auch vorhandene Managementinstrumente (z. B. Führungskräftemeetings) genutzt werden.
- Wesentliche Äußerungen interessierter Parteien sind als Verbesserungspotenzial in die Bewertung einzubeziehen.
- Wenn zutreffend, sollten Bewertungsergebnisse als Input für den Prozess „Management von Änderungen" genutzt werden.
- Die Input-Aspekte der Normen sollten hinsichtlich ihrer Bedeutung für die Organisation gewichtet werden, um eine adäquate Behandlung in der Bewertung zu ermöglichen.

Sinn und Zweck oft unklar

Die Managementbewertung ist auch heute noch in vielen Unternehmen und Organisationen eine ungeliebte Pflicht zur Aufrechterhaltung des oder der Zertifikate. Das liegt daran, dass der tiefere Sinn und Zweck der Managementbewertung der Führung oft nicht klar genug ist. Auch die Art der Umsetzung, auf welchen Wegen man eine solche transparent durchführen kann, ist häufig unklar.

Verifikation

Bei der Managementbewertung handelt sich um eine Überprüfungsmethode, bei der Elemente der Verifikation mit denen der Validierung verknüpft werden. Die Verifikation prüft die Wirksamkeit des Managementsystems und hinterfragt, ob vorgegebene Organisationsziele und Kennzahlen der Unternehmensprozesse den geplanten Vorgaben entsprechen.

Validierung

Die Validierung prüft den Sachverhalt der Gebrauchsfähigkeit des Managementsystems, das heißt die Eignung und Angemessenheit im Hinblick auf die Bedürfnisse der Organisation. Eine wesentliche Aussage zur Eignung von Managementsystemen liefern z. B. die geforderten internen und externen Audits.

Die Managementbewertung ist ein wesentlicher Treiber für den positiven Veränderungsprozess in der Organisation. Ein Management-Review kann also mehr sein als ein wiederkehrendes Showprogramm für Zertifizierungsauditoren und andere interessierte Parteien (z. B. Kapitalgeber, Kunden oder Mitarbeiter).

1.5 Vergleichbarkeit der Normenforderungen

60626_01.xlsx

Die vier betrachteten Managementsysteme, die die Grundlage für das vorgestellte IMS bilden, erheben nur auf den ersten Blick gemeinsam die Forderung nach einem Management-Review. Bei einer genauen Analyse unterscheiden sich, neben vielen Gemeinsamkeiten, die Forderungen der spezifischen Managementsysteme in einigen Punkten. Eine detaillierte Gegenüberstellung der Anforderungen an die Managementbewertung (Normenkapitel 9.3) der vier betrachteten Normen (ISO 9001/ISO 14001/ISO 45001/ISO 50001) gibt die Verweismatrix zur Managementbewertung.

Grenzen und Potenziale

Damit sind der vollständigen Integration aller Themen in der Managementbewertung eines IMS Grenzen gesetzt. Organisationen, die sich aus guten Gründen zur Integration ihrer Managementsysteme entschieden haben, um Redundanzen zu vermeiden und den Aufwand für die einzelnen Managementsysteme zu begrenzen, möchten natürlich nicht für jedes Managementsystem ein getrenntes Management-Review erstellen. Auf der anderen Seite soll das Management-Review in einem IMS vom Umfang her nicht die Ausmaße eines Telefonbuchs einer Großstadt annehmen.

Drei „V"

Ein gutes Management-Review sollte den unter Führungskräften bekannten Regeln der drei V folgen „**V**orstands-**V**erständliche **V**orlage". Vom Umfang übersichtlich, wenig Prosa, die notwendigen Informationen in Grafiken und Tabellen und auf die wesentlichen Inhalte beschränkt. Dieser Struktur folgen in der Regel Geschäftsberichte von Unternehmen, die Auskunft und Bewertungen zum vergangenen Geschäftsjahr und einen Ausblick mit Maßnahmen für das zukünftige Geschäftsjahr geben. Unter dieser Prämisse ist das Management-Review als ein Geschäftsbericht über die Angemessenheit, Eignung und Wirksamkeit des IMS zu verstehen und zu gestalten.

Umfang reduzieren

Eine der ersten Maßnahmen zur Reduzierung des Reviewumfangs ist die Identifikation der direkt vergleichbaren Normeninhalte in den Forderungen der vier spezifischen Managementsysteme. Darüber hinaus gibt es Forderungen, die für drei Systeme oder nur für zwei Managementsysteme identisch sind. Es bleibt aber auch ein Rest an Forderungen, die spezifisch sind für das Thema einer Norm und die keine andere Systemnorm in vergleichbarer Form aufstellt.

Dass es Unterschiede in den Forderungen zum Management-Review in den einzelnen Normen gibt, ist auch dem Umstand geschuldet, dass die ISO 9001 und die ISO 14001 bereits im Jahr 2015 erschienen sind, die ISO 45001 und die ISO 50001 aber erst im Jahr 2018. Normentwicklung ist ein stetiger Prozess. Drei Jahre Erkenntnisse in der Normenanwendung sind ein Zeitraum, der auch den Technischen Komitees der ISO, die für die Normenentwicklung zuständig sind, neue Erkenntnisse bringt. Diese fließen dann zeitnah in neue oder revidierte Normen ein. Eine weitere Harmonisierung der Forderungen innerhalb des Normenkapitels 9.3 „Managementbewertung" wird in zukünftigen Revisionen der Regelwerke wohl wahrscheinlich sein.

Forderungen an die Eingaben

Die Tabelle 1 zeigt die Forderungen der vier IMS-Managementsysteme zu den Eingaben in die Managementbewertung. Im Detail gibt es bei den zu berücksichtigenden Eingaben der spezifischen Systemnormen kleinere Unterschiede. Themen, die alle Systemnormen gleichermaßen berühren, können im Management-Review auch integriert behandelt werden. Wird in drei von vier Systemnormen eine gleichartige Forderung erhoben, ist zu prüfen, ob dieser Punkt auch für die vierte Norm zweckmäßig wäre, z. B. „Angemessenheit von Ressourcen" auch als Eingangsinformation für die ISO 50001 heranzuziehen (fehlt dort). Auch im Energiemanagement werden Ressourcen zur Aufrechterhaltung und Weiterentwicklung des Systems benötigt. Gleiches gilt für das Thema „Erfüllung/Einhaltung bindender Verpflichtungen". Alle Unternehmen und Organisationen, die Produkte herstellen, sind in irgendeiner Form von der rechtlichen Produkthaftung betroffen, sei es in Form einer CE-Konformitätserklärung oder aus dem Produktsicherheitsgesetz und seinen nachgeordneten Verordnungen, die ggf. Genehmigungspflichten für das Inverkehrbringen solcher Produkte begründen.

Auch interne und externe Themen sowie der Umgang mit Risiken und Chancen sind in allen vier Normen wesentlicher Bestandteil der geltenden Forderungen und sollten daher im Review auch gemeinsam behandelt werden. Die anderen Eingangsthemen (einfache oder zweifache Nennung) können hinsichtlich einer Ausweitung auf die anderen Managementsysteme durch die Organisation daraufhin geprüft werden, ob es für die Organisation und deren IMS einen Mehrwert ergibt und welcher Mehraufwand damit verbunden ist. Gibt es keinen erkennbaren Nutzen, ist im Management-Review dieses Thema als systemspezifisches Einzelthema zu behandeln.

Die Anforderungen an die Eingaben in die Bewertung der betrachteten Normen zeigt Tabelle 1.

Tabelle 1: Forderungen an die Eingaben des Reviews

Eingaben in die Managementbewertung	9001	14001	45001	50001
Status von Maßnahmen aus vorherigen Managementbewertungen	x	x	x	x
Möglichkeiten zur fortlaufenden Verbesserung (inkl. Kompetenz)	x	x	x	x
Angemessenheit von Ressourcen für das Managementsystem	x	x	x	(x)
Ausmaß, in dem Managementsystempolitik erfüllt wurde			x	x
Relevante Äußerungen/Kommunikation mit interessierten Parteien (inkl. Beschwerden)		x	x	
Veränderungen bei den Managementsystemen bezüglich:				
• externen und internen Themen	(x)	x	x	x
• Risiken und Chancen	(x)	x	x	x
• Erfordernissen und Erwartungen interessierter Parteien (inkl. Kunden)	x	x	x	
• bindender Verpflichtungen[1]		x	x	
• bedeutender Umweltaspekte		x		
Informationen über die Leistung, Wirksamkeit und Entwicklung der Managementsysteme bezüglich:				
• Nichtkonformitäten und Korrekturmaßnahmen	x	x	x	x
• Ergebnissen von Überwachungen und Messungen	x	x	x	x
• Auditergebnissen	x	x	x	x
• Erfüllung/Einhaltung bindender Verpflichtungen	(x)	x	x	x
• des Umfangs, in dem Ziele erfüllt wurden	x	x	x	x
• Risiken und Chancen	x		x	
• Kundenzufriedenheit	x			
• Prozessleistung und Konformität von Produkten/Dienstleistungen	x			
• Leistung externer Anbieter	x			
• Vorfällen und fortlaufender Verbesserung			x	
• Konsultation und Beteiligung von Beschäftigten			x	
• des Status von Aktionsplänen				x
• energiebezogener Leistung und ihrer Verbesserung				x
1 bindende Verpflichtungen = rechtliche und sonstige Anforderungen (x) ggf. auch auf diese spezifische Norm anwendbar				

Forderungen an die Ausgaben

Tabelle 2 zeigt die Forderungen an die Ausgaben aus der Managementbewertung der vier IMS-Managementsysteme.

Tabelle 2: Forderungen an die Ausgaben des Reviews

Ausgaben aus Managementbewertung	9001	14001	45001	50001
• Möglichkeiten/Entscheidungen zur fortlaufenden Verbesserung	x	x	x	x
• Änderungsbedarf am Managementsystem (z. B. Geltungsbereich, Politik, Ziele (inkl. Aktionsplänen), Kennzahlen, Ausgangsbasis)	x	x	x	x
• Bedarf an erforderlichen Ressourcen	x	x	x	x
• Maßnahmen bei der Nichterreichung von Zielen2	(x)	x	x	x
• Möglichkeiten, die Integration des Managementsystems mit anderen Geschäftsprozessen zu verbessern	(x)	x	x	x
• Schlussfolgerungen zur fortdauernden Eignung, Angemessenheit und Wirksamkeit des Managementsystems		x	x	
• Auswirkungen auf die strategische Ausrichtung der Organisation		x	x	
• Verbesserung von Kompetenz, Bewusstsein und Kommunikation				x
[2] ISO 45001 – Maßnahmen sind nicht nur auf die Nichterreichung von Zielen beschränkt. (x) ggf. auch auf diese spezifische Norm anwendbar				

Übertragung auf andere MS

Wie bei den Eingaben gibt es auch bei den Ausgaben aus der Managementbewertung Themen, die allen vier Systemen des IMS gemeinsam sind. Zu den Themen „Maßnahmen bei der Nichterreichung von Zielen" und „Integration des Managementsystems in die Geschäftsprozesse" fehlen in der ISO 9001 entsprechende Forderungen. In beiden Fällen wäre eine Aussage im Ergebnis des Management-Reviews des IMS auch zum QMS nach ISO 9001 an dieser Stelle zweckmäßig.

Die letzten drei Punkte in der Tabelle 2 sind von den Themen her zwar nur in zwei oder einer Norm gefordert, aber inhaltlich auch auf alle vier Normen des IMS anwendbar. Insbesondere der Punkt „Verbesserung von Kompetenz, Bewusstsein und Kommunikation" ist nur in der ISO 50001 ein Thema. Hinsichtlich der Bedeutung dieses Punkts für die Funktionsfähigkeit und Weiterentwicklung von Managementsystemen hat dieser Punkt eine Schlüsselstellung ähnlich wie die „Bereitstellung der notwendigen Ressourcen". Ohne finanzielle und materielle Ressourcen kann ein IMS genauso wenig wirksam sein wie ohne Kompetenz und Bewusstsein bei den Personen, die das Managementsystem tragen.

2 Vorbereitung des Management-Reviews

2.1 Ablaufschritte des Management-Reviews

Datenquellen und Verantwortung

Die Erstellung des Management-Reviews geschieht in der Praxis zumeist nach einem vergleichbaren strukturierten Ablauf, der mit der Festlegung beginnt, welche Daten für das Review benötigt werden und wer für die Erhebung der Daten in der Organisation verantwortlich ist. Die Schritte im Detail zeigt Abbildung 3.

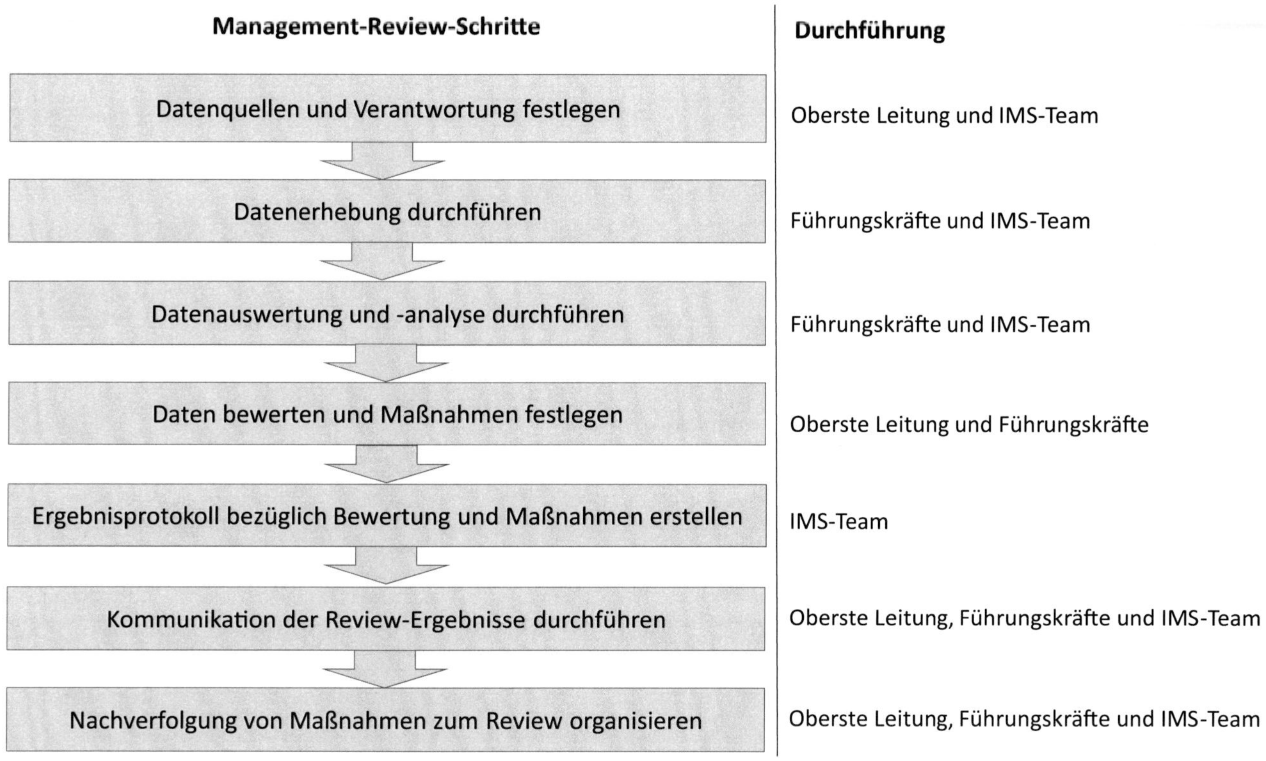

Abb. 3: Schritte zum Management-Review

Erhebung, Auswertung, Analyse

Im zweiten Schritt werden im Erfassungszeitraum des Reviews (in der Regel ein Jahr) die Daten von den Durchführungsverantwortlichen gesammelt und ggf. auch schon einer vorbereitenden Analyse unterzogen (z. B. monatlich oder pro Quartal). Zur Vorbereitung der Bewertung der Ergebnisse werden die Daten ausgewertet und analysiert (z. B. Trendvergleiche, Kennzahlenbildung, wesentliche Veränderungen).

Bewertung, Maßnahmen

Die wichtigste Phase des Management-Reviews ist die Bewertung der Ergebnisse hinsichtlich der Erreichung von Zielen und Vorgaben. Die oberste Leitung muss entscheiden, ob sie mit den Ergebnissen zufrieden ist oder ob sie noch Verbesserungspotenziale in dem einen oder anderen Punkt sieht. Im letzteren Fall kann sie ggf. Maßnahmen zur Verbesserung formulieren.

Dokumentation, Kommunikation

Im Anschluss an die Bewertung muss zeitnah das Ergebnis in einem Review-Protokoll dokumentiert werden. Danach erfolgt die Kommunikation (z. B. Verteilung des Protokolls) über die Ergebnisse des Reviews an einen definierten Verteilerkreis (z. B. Führung und ausgewählte Mitarbeiter).

Nachverfolgung

Eine in der Praxis häufig vorkommende Schwäche betrifft den letzten Schritt: die unzureichende Nachverfolgung der im Review festgelegten Maßnahmen. Meist fällt dieses Nichtkümmern um die Maßnahmen nach außen im nächsten Audit auf und lässt beim Auditor Zweifel an der Wirksamkeit des

IMS aufkommen, weil das wichtigste Kontroll- und Steuerungsinstrument des IMS, das Management-Review, nicht vollständig wirksam ist. Nach innen entsteht bei Führungskräften und Mitarbeitern der Eindruck, dass eine normative Pflicht ohne wirkliche Bedeutung für die Organisation erfüllt wird.

2.2 Turnus der Bewertung

In der Praxis wird das Management-Review gemäß bestehenden Zertifizierungsanforderungen regelmäßig alle zwölf Monate durchgeführt. Neben den in regelmäßigen Abständen stattfindenden Reviews kann es besondere Umstände für die Organisation geben, die die Durchführung eines Management-Reviews in Einzelfällen in kürzeren Zeitabständen sinnvoll erscheinen lassen. Das kann eine temporäre Maßnahme über einen gewählten Zeitraum sein (z. B. eine Zertifizierungsperiode von drei Jahren), um die Stabilität des IMS zu gewährleisten oder wiederherzustellen, oder eine dauerhafte Maßnahme (z. B. durch Teilreviews alle drei bis sechs Monate), um das Review den Zyklen des betrieblichen Controllings anzupassen.

Gründe für Veränderungen

Da jede zusätzliche vollständige Managementbewertung Aufwand generiert, sollten schon wichtige Gründe für eine temporäre Veränderung des Zyklus vorliegen, etwa

- neu eingeführte Systeme die noch nicht stabil sind;
- größere organisatorische Veränderungen, die den Geltungsbereich des IMS deutlich verändern;
- schwerwiegende Störungen in den Leistungsprozessen der Organisation mit großen finanziellen Risiken;
- Unternehmensfusionen, Eigentümerwechsel, Organisationsaufspaltungen mit wesentlichen Veränderungen in den Anforderungen des IMS;
- Revisionen der integrierten Managementsystemnormen mit deutlichen Veränderungen in den wesentlichen Anforderungen;
- gravierende Regelverstöße in der Rechtskonformität mit strafrechtlichen Auswirkungen für die Führung und großen zivilrechtlichen Haftungsrisiken für das Unternehmen.

Aufwand begrenzen

Wann und in welchen anderen Fällen aus Sicht der Organisation weitere Gründe vorliegen, die ein außerordentliches Management-Review notwendig machen, sollte durch die oberste Leitung entschieden werden. Da ein außerordentliches Management-Review häufig nur zur Beseitigung von signifikanten Schwachstellen im IMS dient, besteht eine Möglichkeit zur Aufwandsreduzierung darin, das außerordentliche Management-Review auf die Themen zu begrenzen, die von den aktuellen Schwächen direkt oder ggf. auch indirekt betroffen sind.

Review zeitlich verteilt

Von einer Möglichkeit, die die ISO-Normen 14001, 45001 und 50001 bereitstellen, wird in der Praxis kaum gebraucht gemacht. Im Normanhang A.9.3 wird in allen drei Normen die Möglichkeit eröffnet, das Management-Review über einen Zeitraum verteilt durchzuführen. Für die ISO 9001 wäre dies auch jederzeit möglich. Dafür müsste es aber Gründe geben, die diesen Aufwand rechtfertigen. Dazu steht im Normanhang der ISO 45001 bezogen auf die Eingaben zum Management-Review die Erläuterung, dass die genannten Themen hinsichtlich des „Wann" und „Wie" nicht alle gleichbehandelt werden müssen. Das bedeutet, dass die Organisation die Themen bestimmen kann, die ggf. auch häufiger einem Management-Review unterzogen werden sollten, wenn es für die Organisation vorteilhaft ist. Auch die Intensität, mit der die einzelnen Themen im Review behandelt werden, ist variabel und richtet sich nach den Bedürfnissen der Organisation (z. B. muss eine Organisation mit sehr geringen Unfallzahlen darüber im IMS-Review auch nur kurz berichten) oder nach der Bedeutung des Review-Themas für die Organisation. So kann eine wenig umweltrelevante Organisation (nur Büros) das Review bezüglich der Umweltanforderungen sehr kurz halten.

Review jährlich

Um zu entscheiden, ob häufigere Reviews für die Organisation sinnvoll sein können, ist zu prüfen, welche Vor- und Nachteile eine nur jährliche Erstellung des Management-Reviews hat:

Vorteile

- der geringere Zeitaufwand für die Erstellung des Reviews;
- die Organisation (inkl. der Leitung) muss sich nur einmal im Jahr mit dem Thema Review beschäftigen.

Nachteile

- Der lange Nachbetrachtungszeitraum von zwölf Monaten bietet keine Möglichkeit, Fehlentwicklungen im IMS und seinen Prozessen auch kurzfristig zu begegnen.
- Die oberste Leitung beschäftigt sich zu wenig mit den Themen des IMS und Potenziale zur Leistungsverbesserung werden nicht erkannt und/oder genutzt.
- Das Potenzial des IMS zur Steuerung der Organisationsprozesse kann nicht optimal genutzt werden.

Orientierung am Geschäftsbericht

Aber was ist der richtige Zeitraum für Zwischenschritte im Management-Review. Auch dazu hilft es weiter, die gängige Praxis beim Umgang mit dem Geschäftsbericht zu betrachten. Keine Unternehmensleitung geht das Wagnis ein, sich nach zwölf Monaten von schlechten Zahlen überraschen zu lassen. Daher hat es sich etabliert, dass mindestens alle drei Monate über wesentliche Erfolgsfaktoren ein Quartalsbericht erstellt wird. Das eröffnet die Möglichkeit, drei weitere Male im Jahr zu prüfen, ob die geplanten Zahlen und Ziele noch den Erwartungen entsprechen oder Eingriffe zur Korrektur erfolgen müssen. Dazu muss man die Eingaben und Ausgaben des Management-Reviews hinsichtlich ihrer unterjährigen Verfügbarkeit von Daten und ihrer Bedeutung für die Wirksamkeit des IMS betrachten. Es gibt Eingaben in das Management-Review, z. B. Ergebnisse von Audits, die in der Regel nur einmal im Jahr zur Verfügung stehen. Auf der anderen Seite werden Daten zur Prozessleistung, z. B. Reklamationen und Beschwerden, Unfallzahlen, Energieverbräuche häufig monatlich im Unternehmenscontrolling erfasst und ggf. auch Kennzahlen gebildet. Diese Daten können Quartalsweise als Basis für ein reduziertes Zwischenreview genutzt werden.

Zeiträume Eingabenprüfung

In Tabelle 3 sind die relevanten Eingaben hinsichtlich ihrer zeitlichen Verfügbarkeit für das Management-Review beispielhaft aufgelistet.

Tabelle 3: Zeitraum der Überprüfung der Eingaben

	Zeitraum der Überprüfung	
Eingaben in die Managementbewertung	Quartal	Jährlich
• Status von Maßnahmen im Vergleich zur vorherigen Managementbewertung	x	
• Möglichkeiten zur fortlaufenden Verbesserung (inkl. Kompetenz)		x
• Angemessenheit von Ressourcen für das Managementsystem	x	
• Ausmaß, in dem Managementsystempolitik erfüllt wurde		x
• Relevante Äußerungen/Kommunikation mit interessierten Parteien (inkl. Beschwerden)	x	
• Veränderungen bei den Managementsystemen bezüglich:		
o externen und internen Themen		x
o Risiken und Chancen		x
o Erfordernissen und Erwartungen interessierter Parteien (inkl. Kunden)		x
o bindender Verpflichtungen	x	
o bedeutender Umweltaspekte		x
• Informationen über die Leistung, Wirksamkeit und Entwicklung der Managementsysteme bezüglich:		
o Nichtkonformitäten und Korrekturmaßnahmen	x	
o Ergebnissen von Überwachungen und Messungen	x	
o Auditergebnissen		x
o Erfüllung/Einhaltung bindender Verpflichtungen		x
o des Umfangs, in dem Ziele erfüllt wurden	x	
o Risiken und Chancen		x
o Kundenzufriedenheit		x
o Prozessleistung und Konformität von Produkten/Dienstleistungen	x	
o Leistung externer Anbieter		x
o Vorfällen und fortlaufender Verbesserung	x	
o Konsultation und Beteiligung von Beschäftigten	x	
o des Status von Aktionsplänen	x	
o energiebezogene Leistung und deren Verbesserung	x	

Zeiträume Ausgabenprüfung

Tabelle 4 zeigt die Ausgaben aus dem Management-Review hinsichtlich ihrer zeitlichen Verfügbarkeit.

Tabelle 4: Zeitraum der Überprüfung der Ausgaben

	Zeitraum der Überprüfung	
Ausgaben in die Managementbewertung	Quartal	Jährlich
• Möglichkeiten/Entscheidungen zur fortlaufenden Verbesserung	x	
• Änderungsbedarf am Managementsystem (z. B. Geltungsbereich, Politik, Ziele (inkl. Aktionsplänen), Kennzahlen, Ausgangsbasis)		x
• Bedarf an erforderlichen Ressourcen	x	
• Maßnahmen bei der Nichterreichung von Zielen	x	
• Möglichkeiten, die Integration des Managementsystems mit anderen Geschäftsprozessen zu verbessern		x
• Schlussfolgerungen zur fortdauernden Eignung, Angemessenheit und Wirksamkeit des Managementsystems		x
• Auswirkungen auf die strategische Ausrichtung der Organisation		x
• Verbesserung von Kompetenz, Bewusstsein und Kommunikation		x

Die Themen des Management-Reviews, die quartalsweise behandelt werden können, verringern den Aufwand im Hauptreview zum Jahresende.

Bedeutung individuell prüfen

Ein weiteres Kriterium, Teile des Management-Reviews auch unterjährig zu prüfen, kann die Bedeutung der einzelnen Themen für die Organisation sein. Eine entsprechende Zuordnung ist sehr individuell und kann daher nur durch die einzelnen Unternehmen vorgenommen werden. Die Tabellen 3 und 4 können dazu hinsichtlich ihres Überprüfungszeitraums an die Bedürfnisse der Organisation angepasst werden.

2.3 Management-Review versus Geschäftsbericht/Geschäftsplanung

Im übertragenen Sinn ist das Management-Review der Geschäftsbericht zum IMS. Auch Geschäftsberichte eines Unternehmens werden in der Regel jährlich erstellt und bewerten die vergangene Periode hinsichtlich der Erfüllung der Ziele aus der vorangegangenen Geschäftsplanung. Der neue Geschäftsbericht ist wiederum Ausgangspunkt für die nächste Geschäftsplanung. Für die Einbindung des IMS in die Geschäftsprozesse der Organisation ist es hilfreich, das Management-Review in Verbindung zum Geschäftsbericht zu betrachten.

Reihenfolge

Hinsichtlich der Reihenfolge ist sinnvoll, dass das Management-Review vor dem Geschäftsbericht und der Geschäftsplanung erstellt wird (ca. zwei bis drei Monate). Dann können Ziele und Maßnahmen des Reviews im Geschäftsbericht berücksichtigt werden. Gleiches gilt für die Bemessung der Ressourcen für das IMS, die in die Geschäftsplanung (Budget) der nächsten Periode einfließen sollten. Die Managementsysteme und deren Umsetzungsprozesse sind Teil der Unternehmensprozesse und somit integrativ mit diesen vernetzt (s. Normkapitel 5.1 „Führung und Verpflichtung").

Bewertungsbasis unterscheidet sich

Im selben Kapitel steht auch eine weitere Forderung der Normen, die besagt, dass die Einbindung der Managementsysteme in die strategische Ausrichtung des Unternehmens erfolgen muss. Damit bilden die Basis für den Geschäftsbericht und das Management-Review in beiden Fällen die Unternehmensprozesse und deren Entwicklung, nur die Bewertungsbasis ist eine andere. Auf der einen Seite sind es die Forderungen von ISO-Normen und auf der anderen Seite der wirtschaftliche Erfolg der Organisation.

Inhalte des Geschäftsberichts

In einem Geschäftsbericht wird seitens des Unternehmens Kapitalgebern, aber auch Förderern und interessierten Parteien gegenüber Rechenschaft über die Aktivitäten des abgelaufenen Geschäftsjahrs ablegt. Üblicherweise bestehen Geschäftsberichte aus einem Jahresabschluss und Lagebericht (oder Konzernabschluss und Konzernlagebericht) sowie zahlreichen freiwilligen Angaben. Für Unternehmen, die verpflichtet sind, einen Lagebericht und einen Jahresabschluss zu erstellen, gelten unterschiedliche gesetzliche Vorgaben. Wesentlich sind dabei für den Jahresabschluss das Handels- und Aktienrecht sowie das Bilanz- und Steuerecht. In den heute gebräuchlichen Geschäftsberichten finden sich neben diesem Pflichtteil auch noch weitere, darüber hinausgehende freiwillige Angaben. Inhalte dieses freiwilligen Teils können sein: Sozialbericht, Risikobericht und ggf. Umweltbericht, in dem die sozialen Leistungen und ökologischen Verhältnisse der Gesellschaft beschrieben werden. Auch das Thema Nachhaltigkeit mit seinen zahlreichen Facetten des nachhaltigen Wirtschaftens gewinnt darin zunehmend an Bedeutung.

Zusammenhänge mit den MS

In den heutzutage veröffentlichten Geschäftsberichten findet man in diesem freiwilligen Teil des Geschäftsberichts zunehmend Themen, die auch in den Managementsystemen wesentliche Regelungsinhalte darstellen und klar dem Umwelt- und Energiemanagement sowie dem Arbeits- und Gesundheitsschutz zugeordnet werden können. Noch zentraler ist das Qualitätsmanagement im Geschäftsbericht abgebildet. Die Finanzzahlen, die den Erfolg oder Nichterfolg eines Unternehmens abbilden, haben ihren Ausgangspunkt in Qualitätskennzahlen wie z. B. Kundenzufriedenheit, Lieferantenperformance, Nichtkonformitätskosten, Innovation und Entwicklungsfortschritt. Die Finanzzahlen zeigen das monetäre Ergebnis; die wesentlichen Kennzahlen zum Qualitätsmanagement sind deren Treiber.

ZVEI-/Du-Pont-Kennzahlensysteme

Während im Geschäftsbericht nur die Spitze der finanzwirtschaftlichen Kennzahlen eines Unternehmens dargestellt ist, beeinflussen managementsystembezogene Kennzahlen als Treiber die unterhalb der Spitze liegenden monetären Kennzahlen der Kennzahlenpyramide, z. B. das ZVEI-Kennzahlensystem [5], das eine Weiterentwicklung des weltbekannten Du-Pont-Schemas darstellt. Das Du-Pont-System [6] und auch das ZVEI-System sind Instrumente zur analytischen Betriebsbeurteilung, zur Ermittlung der Effizienz eines Unternehmens (Bilanzanalyse) und somit ein Informationssystem zum Zweck der Unternehmensbewertung und Unternehmenssteuerung. Beide Systeme sind an rein monetären Größen orientierte Systeme von Unternehmenskennzahlen, die aufgrund der gemeinsamen monetären Basis aber von unten nach oben durchgängig sind.

Indirekte monetäre Auswirkungen

Die managementbezogenen Kennzahlen auf den unteren Ebenen der Berichtshierarchie der Organisation, z. B. Menge an gefährlichen Abfällen oder überdurchschnittliche Fehlzeiten aufgrund zu vieler Arbeitsunfälle, sind in der Regel nichtmonetär, haben aber direkte Auswirkungen auf die damit verbundenen Kosten (Entsorgungskosten, Arbeitsausfallkosten) für die Organisation. Gleiches gilt für das Qualitätsmanagement und seine Kennzahlen. Mangelnde Kundenzufriedenheit führt zu Auftragsverlust, und daraus resultiert weniger Umsatz, was sich negativ auf das Geschäftsergebnis auswirkt. Im Ergebnis dieser Betrachtung ist der Schluss naheliegend, dass das Management-Review zum IMS ein vorgelagerter Input-Bestandteil des Geschäftsberichts ist, dessen Schwerpunkt bei den nichtmonetären Kennzahlen und Ergebnissen der Unternehmensperformance liegt, wie sie z. B. im Controlling und im betrieblichen Berichtswesen abgebildet sind. Ihre Auswirkungen münden jedoch in den Finanzkennzahlen des Geschäftsberichts.

2.4 Management-Review strukturieren

Gliederung und Darstellung

Um eine übersichtliche und transparente Managementbewertung zu erzeugen, ist es wichtig, den Bericht zum Management-Review richtig zu strukturieren. Das betrifft einerseits die Gliederung der Themen und andererseits die Art der Ergebnisdarstellung. Einen wesentlichen Hinweis dazu liefert die ISO 14001 im Normanhang A.9.3 „Managementbewertung" mit dem Satz: „Die Managementbewertung sollte einen Überblick geben, sie braucht keine umfassende Bewertung detaillierter Informationen zu sein."

Weniger ist mehr!

Ein wesentlicher Schwachpunkt der gängigen Praxis beim Verfassen von Management-Reviews ist die Fülle an Details, die zum Großteil in die Bewertung aufgenommen werden, obwohl sie in anderen dokumentierten Informationen der Organisation bereits vorhanden sind. Bei einem IMS aus drei, vier oder noch mehr Managementsystemen führt diese Praxis dazu, dass die Berichte zu den Bewertungen des Reviews viele, zu viele Seiten umfassen. Wenn das Management-Review umfangreicher ist als der jährliche Geschäftsbericht, fragen sich nicht nur die Führungskräfte, sondern auch externe Auditoren, ob der Nutzen dies noch rechtfertigt. Diese umfängliche Form ist wenig anwenderfreundlich und steigert auch nicht die Bereitschaft der Führungskräfte, sich damit zu befassen. Weniger ist auch in diesem Fall mehr.

Zu hohe Fülle an Details

Dass zu einer guten Managementbewertung im Hintergrund eine fundierte Datensammlung und deren ergebnisorientierte Analyse gehören, ist unstrittig. Die vielen Auswertungen und Berichte über Qualitäts-, Umwelt-, Unfall- und Energiedaten sind notwendig, geben sie doch Aufschluss über das operative Geschehen in der Organisation und bilden die Basis für die Bewertung, wie die Leitung mit dem Ergebnis zufrieden ist, z. B. Reklamations- und Unfallhäufigkeit oder ob die Organisation ihre Ziele erreicht hat. Diese Daten gehören jedoch in ein übersichtlich strukturiertes betriebliches Berichtswesen und nicht zu detailliert ins Management-Review.

Keine Vorgaben an die Gliederung

Für die Gliederung des Management-Reviews gibt es in den spezifischen Einzelnormen des IMS keine Vorgaben. Die Organisation kann daher in der Form des Reviews alle Freiheitsgrade nutzen. In der Praxis findet man aber häufig eine Gliederung, die die Struktur der Eingaben der ISO 9001 widerspiegelt. Die weiteren Eingaben der anderen Managementsysteme des IMS werden darin integriert. Diese Vorgehensweise ist darauf zurückführen, dass die ISO 9001 das erste zertifizierungsfähige Managementsystem der Welt war und daher heute in den meisten Organisationen das Führungssystem in einem IMS darstellt.

Gliederungsvorschlag

Eine andere Möglichkeit der Gliederung ergibt sich, wenn man die Themen des Management-Reviews hinsichtlich ihrer Bedeutung für die oberste Leitung sortiert. Was sind die Themen, die direkt die oberste Leitung hinsichtlich ihrer normativen Führungsaufgabe betreffen, und welche Teile sind dem operativen Geschehen der Organisation zuzuordnen. Gerade die operativen Themen sind der Hauptgrund für den großen Umfang des Management-Reviews in der Praxis. Kennzahlen zu Prozessleistungen sowie Status zum KVP werden häufig sehr stark im Detail beschrieben, und bei einem IMS kommen da schnell bis zu 50 Kennzahlen zusammen. Im Review sollten daher nur die wichtigsten Kennzahlen aus den einzelnen Managementsystemen behandelt werden, d. h. nicht mehr zwei bis drei pro Managementsystem.

Eingaben

Nachfolgend beispielhaft die Ein- und Ausgaben zum Management-Review, gegliedert nach Leitungsthemen und operativen Themen. Tabelle 5 zeigt die Eingaben in die Bewertung.

Tabelle 5: Leitungs- und operative Themen der Eingaben

Eingaben in die Bewertung	
Themen der obersten Leitung	**Operative Themen**
• Veränderungen bei externen und internen Themen (Kontext) (inkl. Wirksamkeit)	• Ergebnisse von Überwachung und Messung
• Veränderungen bei Risiken und Chancen (inkl. Wirksamkeit)	• Nichtkonformitäten und Korrekturmaßnahmen
• Managementpolitik – Erfüllung und Änderungsbedarf	• Prozessleistung und Konformität
• Ziele und deren Erfüllung	• Vorfälle und fortlaufende Verbesserung
• Status von Maßnahmen aus vorherigen Managementbewertungen	• Status von Maßnahmen/Aktionsplänen
• Relevante Äußerungen/Beschwerden von Kunden und interessierten Parteien	• Möglichkeiten zur fortlaufenden Verbesserung
• Einhaltung von und Veränderungen bei bindenden Verpflichtungen	• Leistung externer Anbieter (QMS)
• Auditergebnisse (intern/extern) und deren Status	• Konsultation und Beteiligung der Beschäftigten (AGS)
• Angemessenheit von Ressourcen	• Energiebezogene Leistung und deren Verbesserung (EnMS)
	• Informationen zu bedeutenden Umweltaspekten (UMS)

Ausgaben

In Tabelle 6 sind die Ausgaben des Management-Reviews bezüglich Leitungs- und operativer Themen dargestellt.

Tabelle 6: Leitungs- und operative Themen bei den Ausgaben

Ausgaben aus der Bewertung	
Themen der obersten Leitung	**Operative Themen**
• Auswirkungen auf die strategische Ausrichtung der Organisation	*Operative Themen auf der Ausgabenseite der Managementbewertung sind in den betrachteten Normen des IMS nicht vorhanden.*
• Änderungsbedarf am Managementsystem	
• Zukünftiger Bedarf an Ressourcen	
• Maßnahmen bei Nichterreichung von Zielen und neue Ziele	
• Verbesserung der Integration des Managementsystems in die Unternehmensprozesse	
• Entscheidungen zur fortlaufenden Verbesserung	
• Verbesserung von Kompetenz, Bewusstsein und Kommunikation	
• Schlussfolgerungen zur fortdauernden Eignung, Angemessenheit und Wirksamkeit des Managementsystems	

Punkte zusammenfassen

Die konkrete Gliederung des Management-Reviews in Kapitel muss nicht eins zu eins den Ein- und Ausgabepunkten der Normen des IMS entsprechen, sondern kann auch aus Zusammenfassungen von einzelnen Normenthemen bezüglich der obersten Leitung oder operativen Themen unter einem gemeinsamen Oberthema bestehen, z. B. die Punkte „Ergebnisse von Überwachung und Messung" und „Nichtkonformitäten und Korrekturmaßnahmen" unter dem Oberbegriff „Kontrolle und Fehler". Die Gliederung des Berichts zum Management-Review kann von den Organisationen frei nach eigenen Bedürfnissen gewählt werden, sie sollte aber schon einer gewissen Systematik folgen. Das Wichtige zuerst zu nennen und das weniger Wichtige danach ist eine nachvollziehbare Systematik.

2.5 Datenquellen festlegen

Zahlen, Daten, Fakten

Da das Management-Review auf Zahlen, Daten, Fakten beruhen soll, ist vor der Datenerhebung zu klären, welche Daten aus welchen betrieblichen Bereichen als Quellen benötigt werden, um eine Bewertung gemäß den Normenanforderungen durchführen zu können. Dazu ist das bestehende betriebliche Berichtswesen nach Themengebieten (z. B. Lieferantenmanagement, Prozessqualität, Umweltaspekte) zu systematisieren und die Quellen der benötigten Daten sind zu bestimmen. Dabei handelt sich um eine Auswahl von Daten aus den betrieblichen Leistungsprozessen (Kernprozesse) sowie unterstützenden Prozessen und den Prozessen der Führung. Welche Daten aus diesem Kontext für das Review benötigt werden, bestimmen weitgehend die Eingangsinformationen, die im Normenkapitel 9.3 „Managementbewertung" der Einzelsysteme des IMS festgelegt sind. Eine Übersicht über die wesentlichen für das Management-Review benötigten Daten und deren Quellen zeigt Abbildung 4.

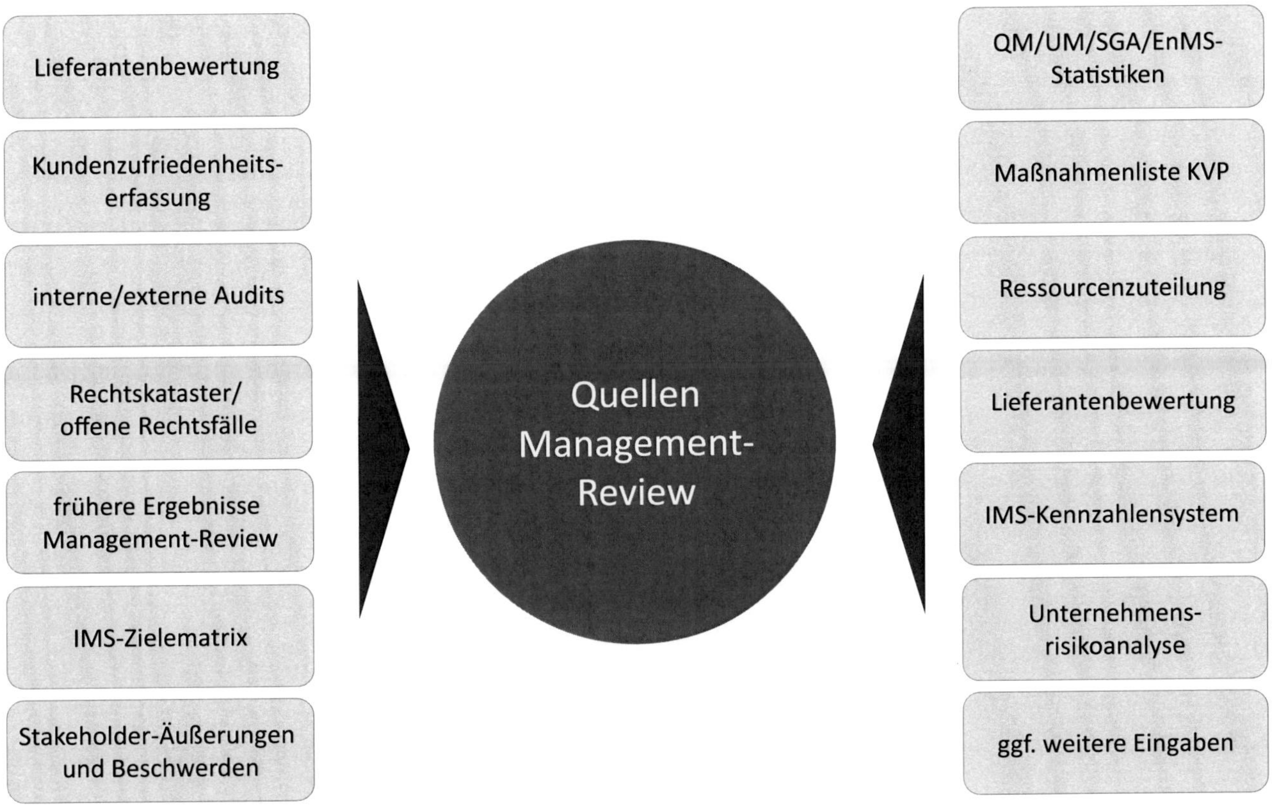

Abb. 4: Auswahl Datenquellen für das Management-Review

Die genannten Datenquellen sind als Beispiele zu verstehen und müssen mit den tatsächlichen Quellen in der Organisation nicht vollständig übereinstimmen.

Datenverantwortliche bestimmen

Im zweiten Schritt sind die Eigner/Verantwortlichen für die Daten zu bestimmen. In den IMS-Prozessen sind für die einzelnen Prozesse der Organisation gemäß normativer Forderung sogenannte Prozessverantwortliche benannt. Diese Prozessverantwortlichen sind in der Regel auch für die Erfassung und Aufbereitung der in den Prozessen erhobenen Daten verantwortlich.

60626_02.xlsx

Um die Datenerfassung übersichtlich zu gestalten, ist es hilfreich, eine Verweismatrix zu erstellen, aus der die Details der zu erfassenden Daten ersichtlich werden. Dazu gehören

- Datenquellen,
- Art der Daten,
- Verantwortlicher für die Erfassung, Aufbereitung und Bereitstellung der Daten,
- Zeitpunkt(e) der Bereitstellung der Daten.

Qualität der Daten

Um die Qualität der zu erfassenden Daten abzusichern, sind Erfassungshäufigkeit (Frequenz), Genauigkeit (Toleranz) und Verlässlichkeit (Wiederhohlgenauigkeit) festzulegen und durch den Prozessverantwortlichen zu überwachen.

Für das Management-Review ist es auf jeden Fall hilfreich, wenn man dazu auf einen zusammenfassenden, klar gegliederten Jahresbericht zum IMS zurückgreifen kann. Das muss nicht zwingend ein in sich geschlossener schriftlicher Bericht sein, sondern in modernen Dokumentenlenkungsprogrammen reicht da eine kurze Zusammenfassung von wenigen Seiten, die an den richtigen Stellen mit den thematischen Einzelberichten (z. B. Abfallstatistik oder Energieverbrauchsbericht) verlinkt sind.

Aufbereitung der Daten

Nachdem die für das Management-Review benötigten Daten, deren Quellen und Verantwortlichkeit für die Bereitstellung festgelegt sind, ist darüber hinaus zu entscheiden, in welcher Form die Daten aufzubereiten sind, z. B. als Texte, Tabellen, Grafiken, Diagramme. Diese Aufbereitung muss sicherstellen, dass die Informationen für die Bewertung in einer für die oberste Leitung und ggf. weitere an der Bewertung beteiligte Führungskräfte in übersichtlicher und schnell verständlicher Form bereitgestellt werden. Nur dann kann sich der Zeitaufwand für die Bewertung in Grenzen halten. Außerdem ist der Termin (oder sind die Termine) festzulegen, zu dem diese Daten für das Review bereitzustellen sind.

Daten prüfen

Die Daten und Informationen sollten vor der Durchführung des Reviews noch einmal verifiziert werden. Diese Aufgabe kann vom Managementbeauftragten für das IMS, dem IMS-Team oder einer anderen verantwortlichen Person für das IMS wahrgenommen werden. Dabei sind zu prüfen

- die Vollständigkeit,
- die Konsistenz,
- die Übersichtlichkeit,
- die korrekte Gestaltung

der Daten und Informationen. Bei erkannten Abweichungen sind entsprechende Korrekturen durchzuführen.

Gliederungsstruktur

Danach müssen die gesammelten Unterlagen in eine Gliederungsstruktur gebracht werden, die der Kapitelstruktur des Management-Reviews entspricht. Wenn zum Verständnis der Informationen weiterführende Daten (z. B. Berichte, Statistiken) notwendig sind, sind diese für den Zugriff (Pfadangabe im Dateisystem) bereitzustellen.

3 Erstellung des Management-Reviews

3.1 Organisatorische Methoden der Erstellung

Keine Normvorgaben

Bezüglich organisatorischer Details bei der Erstellung des Management-Reviews schweigen sich die betrachteten Normen aus. Es wird nur die Verantwortung für das Management-Review klar definiert, die „oberste Leitung“. Wer daran wann mit welchen Aufgaben beteiligt ist, bleibt der Organisation überlassen. Da die Durchführung des Management-Reviews zu den wichtigsten Aufgaben in einem Managementsystem gehört, stellt sich die Frage nach festgelegten Regeln zur Durchführung. Im Normkapitel 7.5 „Dokumentierte Information“ steht, eine dokumentierte Information ist dann notwendig, wenn die Organisation eine schriftliche Regelung für wichtig erachtet, um die Wirksamkeit des IMS sicherzustellen. Hinsichtlich der Bedeutung des Management-Reviews für die Wirksamkeit des IMS besteht schon ein dringender Handlungsbedarf, die Durchführung des Management-Reviews in einem dokumentierten Prozess mit den dafür notwendigen Tätigkeiten und Verantwortlichkeiten (inkl. Mitwirkungen) normenkonform festzulegen. Dieser dokumentierte Prozess ist in vielen zertifizierten Managementsystemen zurzeit nicht vorhanden oder wird nur in Kurzform in alten Handbüchern festgelegt. Augenscheinlich gibt es in vielen Organisationen eine Hemmschwelle, für die oberste Leitung verbindliche schriftliche Vorgaben zu machen. Mit einem solchen Prozess könnte man aber der ganzen Organisation klarmachen, dass auch die oberste Leitung in ihrer Rolle ein Bestandteil des IMS ist und wer wie und wann im Review eine Aufgabe zu erfüllen hat.

Zeitlicher Ablauf des Zyklus

In welchem zeitlichen Kontext das Management-Review in den betrieblichen Ablauf einer Organisation eingebunden ist, hat sich in der Praxis in vielen Jahren herauskristallisiert. Die Einbindung des Reviews in den Ablauf der Unternehmensplanung zeigt beispielhaft Abbildung 5.

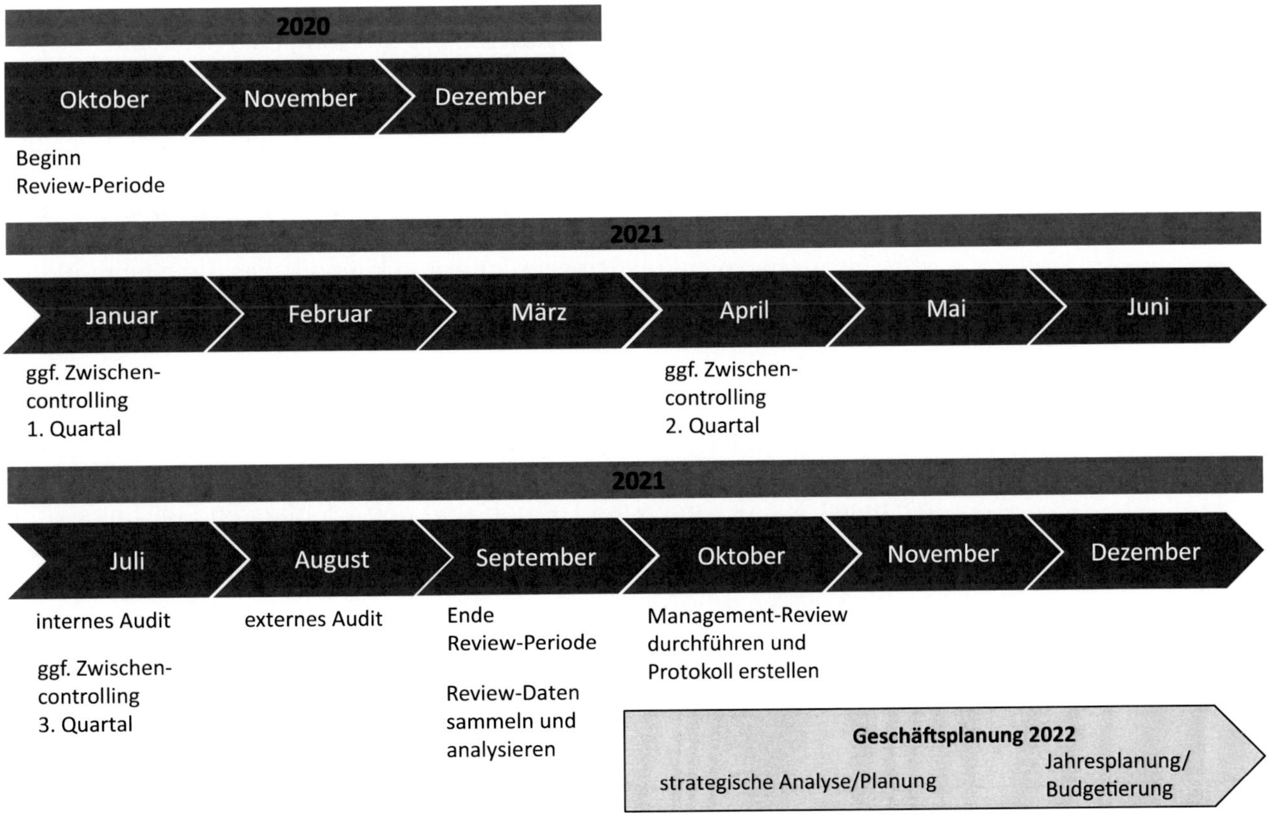

Abb. 5: Zeitlicher Ablauf eines Review-Zyklus

Beispielhafter Ablauf

Die gewählte Review-Periode beträgt wie in der Praxis üblich ein Jahr (hier 01.10.2020 bis 30.09.2021). Das Review ist terminlich mit der Geschäftsplanung der Organisation verknüpft, sodass dessen Ergebnisse in die Geschäftsplanung der Folgeperiode (Jahr 2022) einfließen können und dabei Berücksichtigung finden. Wenn durch die Organisation gewünscht, kann in jedem Quartal eine Zwischenüberprüfung von Zielen und Leistungsdaten des IMS durchgeführt werden. Gegen Ende des Review-Zyklus erfolgt zuerst die Überprüfung des IMS und seiner Prozesse durch das interne Audit. In einem Abstand von ca. vier bis fünf Wochen sollte das externe Audit durch die Zertifizierungsgesellschaft erfolgen. Mit dem Ablauf der Review-Periode im September 2021 werden die für das Review benötigten Daten zusammengestellt und analysiert. Direkt nach Ablauf der Review-Periode 2020/2021 wird das Management-Review durchgeführt und das Protokoll dazu erstellt. Diese Phase im Oktober 2021 überschneidet sich mit den ersten Tätigkeiten zum Geschäftsbericht für das alte Geschäftsjahr 2021 (Jan. bis Dez.) und der Geschäftsplanung für das neue Jahr 2022. Der Management-Review-Prozess geht somit nahtlos in den Geschäftsplanungsprozess der Organisation über. Der dargestellte Ablauf ist nur ein Beispiel (ggf. weichen Organisationen davon ab), bildet aber die Grundlage für die drei Musterbeispiele des Management-Reviews (Arbeitshilfen) im Abschnitt 3.2 „Dokumentarische Anforderungen". Im Weiteren werden die einzelnen Arbeitsschritte zur Durchführung des Management-Reviews im Detail erläutert.

Involvierte Bereiche

Im Rahmen der Vorbereitung zum Management-Review sind in der Regel mehrere Bereiche oder Personen der Organisation involviert. Das sind in erster Linie die Beauftragten für die spezifischen Managementsysteme und der Gesamtverantwortliche für das IMS und ggf. auch noch externe Fachberater. Des Weiteren betriebliche Führungskräfte, z. B. Einkaufsleiter, Betriebsleiter, Leiter Controlling, Sicherheitsfachkraft oder Abfallbeauftragter. Betroffen sind alle Funktionen, die IMS-relevant sind und die Daten aus ihrem Verantwortungsbereich für das Review sammeln, aufbereiten und beisteuern müssen.

Oberste Leitung bewertet

Der Kern des Management-Reviews, die Bewertung der Fakten und die Festlegung von Maßnahmen, sollte von der obersten Leitung allein durchgeführt werden, d. h. die Einstufung in gut oder schlecht und ob Maßnahmen notwendig sind oder nicht. In der Praxis wird leider hin und wieder des Guten zu viel getan und der obersten Leitung das Review unterschriftsreif zum Abnicken vorgelegt. Damit läuft die oberste Leitung im Zertifizierungsaudit Gefahr, dem externen Auditor die Managementbewertung und ihr Zustandekommen nicht plausibel erläutern zu können, was dann beim Auditor zur Schlussfolgerung führt, dass die oberste Leitung ihrer Rechenschaftspflicht nur unzureichend nachkommt (Auditergebnis: Nicht konform mit Abschnitt 9.3).

Bewertung in Führungsrunde

Sinnvoll für die Akzeptanz des Managementsystems in der Organisation ist es, wenn das Review nicht im stillen Kämmerlein von der obersten Leitung durchgeführt wird, sondern im Rahmen einer Führungsrunde. Diese könnte bestehen aus der obersten Leitung und den wichtigsten Führungskräften unter Hinzuziehung des IMS-Verantwortlichen (ggf. auch externer Berater). Aus Betroffenen Beteiligte zu machen ist heute einer der Grundsätze für eine erfolgreiche Führung.

Review-Meeting

Das Zeitmanagement für die Vorbereitung und Durchführung des Management-Reviews ist ein wesentlicher Erfolgsfaktor und wird manchmal unterschätzt. Damit das Review-Meeting strukturiert durchgeführt werden kann, ist der Termin rechtzeitig festzulegen und eine Agenda inkl. Zeitplan für die Sitzung zu erstellen und zu kommunizieren (z. B. vier bis sechs Wochen vorher). Für die Sammlung und Aufbereitung der benötigten Daten in den beteiligten Bereichen werden in der Regel vier bis fünf Wochen benötigt. Die erfassten und aufbereiteten Daten sollten in der (Kapitel-)Struktur des Management-Reviews den am Review beteiligten Führungskräften vorab (ca. eine bis zwei Wochen) zur Information übergeben werden. Einzelne Rückfragen könnten so schon im Vorfeld geklärt und der Prozess der Bewertung und Entscheidungsfindung am Tag des Review-Meetings könnte beschleunigt werden. Auch für das Führungskräftemeeting zur Durchführung des Reviews sollte man ausreichend Zeit einplanen. Für ein IMS aus vier Systemen sind ca. vier bis sechs Stunden zu veranschlagen.

Moderation

Ein weiterer wesentlicher Erfolgsfaktor für ein gutes Review sind eine gute Vorbereitung und die zielorientierte Moderation der Sitzung. Beides sollte in der Verantwortung des IMS-Verantwortlichen liegen. Die Moderation könnte aber auch von einer anderen Führungskraft oder einem externen Berater mit besonderen Kenntnissen des IMS durchgeführt werden. Wichtig ist es, eine kompetente und strukturierte Moderation des Führungskräftemeetings sicherzustellen.

Ablauf konkret

Am Anfang der Bewertung werden die einzelnen Kapitel/Themen des Reviews und die dazu notwendigen Informationen und Daten von den dafür verantwortlichen Führungskräften kurz präsentiert und die wichtigsten Fakten erläutert. Die Bewertung an sich (Einstufung der Zufriedenheit) sollte von der obersten Leitung vorgenommen werden. Dabei kann sie die Führungskräfte in die Entscheidungsfindung einbinden. Das Ergebnis der Bewertung führt ggf. zu Folgemaßnahmen. Ob Folgemaßnahmen notwendig sind oder nicht, sollte die oberste Leitung entscheiden. In die inhaltliche Festlegung von Maßnahmen sollten die Führungskräfte wieder eingebunden werden, da sie in der Regel an der Umsetzung verantwortlich beteiligt sind.

3.2 Dokumentarische Anforderungen

Ergebnisprotokoll

Nach dem Bewertungsmeeting muss zeitnah ein Protokoll mit den Ergebnissen erstellt werden. Für die Art der Darstellung des Protokolls zum Management-Review gibt es keine Normenvorgaben. In der Praxis eingebürgert haben sich drei Formen, die sich gängiger Microsoft-Office-Programme bedienen.

60626_03.docx

Überwiegend wird das Management-Review in der klassischen Form als Word-Dokument erstellt.

60626_04.pptx

Zunehmend wird in der Praxis das Review auch in Form einer PowerPoint-Präsentation erstellt. Das hat den Vorteil, dass die Ergebnisse des Reviews für Präsentationen direkt geeignet sind. Aufgrund der Folienstruktur können Themen der Bewertung auch übersichtlicher voneinander abgegrenzt werden.

60626_05.xlsx

Die dritte Variante ist die Form einer Excel-Tabelle. Diese Methode wird in der Praxis nur wenig angewendet, da die Inhalte des Reviews überwiegend in Form von Texten dokumentiert sind. Excel ist ein Rechenprogramm und nicht als Textverarbeitungsprogramm konzipiert. Auf der anderen Seite lassen sich in einer Tabellenstruktur Texte aber sehr übersichtlich gliedern, und man kann Bewertungen über Zahlen oder Farben direkt verknüpft darstellen. Diese Art der Darstellung hat häufig auch einen geringeren Umfang (Seitenzahl) als das Word- oder PowerPoint-Format. Bei einem IMS mit vier integrierten Managementsystemen und seinen vielen Bewertungsthemen ist das ein deutlicher Vorteil.

Muster

Zum besseren Verständnis haben wir je ein Muster-Review-Protokoll eines fiktiven Unternehmens in den drei Darstellungsvarianten als Arbeitshilfe beigefügt. Diese können Sie, ggf. nach Anpassungen an die Anforderungen der Organisation, für das eigene Management-Review verwenden.

Grundsätzliche Erwägungen zur Stuktur

Für die Struktur des Management-Reviews gibt es seitens der ISO-Normen keine Vorgaben. Abhängig von bestehenden Führungsinstrumenten kann eine zweckdienliche Struktur durch die Leitung gewählt werden. Es gibt nur grundsätzliche Erwägungen hinsichtlich der Übersichtlichkeit und des Verständnisses. Dies sind:

- klare Struktur nach Themen sortiert,
- wenig Fließtext (Prosa), sondern stichwortartige Darstellung der Aussagen,
- mit optisch schnell zu durchschauenden Elementen arbeiten (z. B. Grafiken, Tabellen oder Aufzählungen),
- klare Quellenangabe, wenn auf Fakten in anderen Dokumenten Bezug genommen wird,
- klare Unterscheidung zwischen Informationen (Fakten), der Bewertung nach Kriterien (gut bis schlecht) und der Schlussfolgerung (Maßnahme).

Bedeutung für die Organisation

Eine Möglichkeit ist die Gliederung der Themen des Management-Reviews nach deren Bedeutung für die Organisation (s. Abschnitt 2.3): zuerst die für das Management wichtigen strategischen Themen und dann folgend die operativen Themen. Tabelle 7 zeigt eine Möglichkeit, das Management-Review thematisch nach dieser Option zu strukturieren. Auf der linken Seite steht die Gliederung des Reviews nach Themen/Kapiteln und deren wesentlichen Inhalten, auf der rechten Seite stehen die darunterfallenden Forderungen des Normenkapitels 9.3 aller vier betrachteten Normen.

Tabelle 7: Mögliche Gliederung des Management-Reviews

Review-Überschrift	
Thema	**Normenforderung**
1 Folgemaßnahmen aus letzter Managementbewertung	
• Umsetzung und Wirksamkeit von Festlegungen in der vorherigen Managementbewertung (z. B. Ziele, Maßnahmen und sonstige Festlegungen)	• Status von Maßnahmen aus vorheriger Managementbewertung
2 Status und Bewertung IMS-Politik	
• Umsetzungsgrad der Politik • Änderungsbedarf in der Politik • Änderungsbedarf in der strategischen Ausrichtung	• Ausmaß, in dem Managementsystempolitik erfüllt wird • Änderungsbedarf bei der Energiepolitik • Auswirkung auf die strategische Ausrichtung der Organisation
3 Status und Bewertung IMS-Ziele	
• Status der Zielerreichung im IMS • Umgang mit nicht erreichten Zielen	• Information über den Umfang, in dem Ziele erreicht wurden • Maßnahmen bei der Nichterreichung von Zielen (wenn relevant)
4 Analyse Unternehmenskontext	
• Wirksamkeit bisheriger Regelungen • Änderungsbedarf bei den Regelungen	• Veränderungen bei internen und externen Themen (Kontext)
5 Umgang mit den Anspruchsgruppen	
• Aussagen zu Veränderungen bei den interessierten Parteien • Aussagen zu Beschwerden von Kunden und interessierten Parteien • Analysen zur Kundenzufriedenheit • Analyse zur Lieferantenbewertung • Aussagen zur Konsultation und Beteiligung von Beschäftigten im SGA	• Veränderungen bei den Erfordernissen und Erwartungen interessierter Parteien (Anspruchsgruppen) • Entwicklung relevanter Kommunikation interessierter Parteien inkl. Beschwerden • Informationen über Kundenzufriedenheit • Leistung externer Anbieter • Konsultation und Beteiligung von Beschäftigten
6 Management von Risiken und Chancen	
• Ergebnisse der Veränderungsanalyse von Risiken und Chancen • Ergebnisse der Wirksamkeitsprüfung von Maßnahmen zum Umgang mit Risiken und Chancen	• Veränderungen bei Risiken und Chancen • Wirksamkeit von durchgeführten Maßnahmen zum Umgang mit Risiken und Chancen

Review-Überschrift	
Thema	**Normenforderung**
7 Analyse der bindenden Verpflichtungen	
• Analyse der Rechtsvorschriften und sonstigen Verpflichtungen • Aussagen zur Rechtskonformität	• Veränderungen bei den bindenden Verpflichtungen • Erfüllung von bindenden Verpflichtungen
8 Auditergebnisse	
• Informationen zu Ergebnissen von internen Audits (Systemaudits, ggf. Prozess- und Produktaudits) • Informationen zu Ergebnissen von externen Audits (Systemaudits, ggf. Prozess- und Produktaudits durch Kunden)	• Informationen zu internen/externen Auditergebnissen
9 Überwachung und Messung der Prozesse im IMS	
• Ergebnisse der Analyse von Überwachungstätigkeiten und Messungen im IMS • Informationen zu Schlüsselkennzahlen zum QMS/UMS/SGA/EnMS inkl. Verbesserung der energiebezogenen Leistung • Änderungsbedarf von Kennzahlen, EnPI und EnB • Information zu Fehlern, Ausschuss und Nacharbeit von Produkten/Dienstleistungen • Information zu Fehlern bei der Einhaltung von Sollwertvorgaben in Prozessen • Informationen zu Korrekturmaßnahmen von Prozessfehlern • Informationen zu wesentlichen Änderungen bei den Umweltaspekten	• Information zur Prozessleistung im QMS/UMS/SGA/EnMS • Information zur Verbesserung der energiebezogenen Leistung • Konformität von Produkten/Dienstleistungen • Informationen über Nichtkonformitäten und Korrekturmaßnahmen im IMS • Ergebnisse von Überwachung und Messungen im IMS • Bedeutende Umweltaspekte • Änderungsbedarf von EnPI und EnB
10 Fortlaufende Verbesserung des IMS	
• Information zu offenem Verbesserungspotenzial in Prozessen und im IMS • Aussage zum Verbesserungspotenzial von Kompetenz und Bewusstsein (auch mittels Kommunikation) • Verbesserungspotenzial durch erkannte Vorfälle und daraus resultierende Maßnahmen • Status von offenen Maßnahmenplänen	• Möglichkeiten zur fortlaufenden Verbesserung • Verbesserung von Kompetenz, Bewusstsein und Kommunikation • Vorfälle und fortlaufende Verbesserung (SGA) • SGA-Maßnahmen, sofern erforderlich • Status von Aktionsplänen
11 Zusammenfassende Bewertung des IMS	
• Ist das IMS für die Zukunft o geeignet, o angemessen und o wirksam? • Aussagen zum relevanten Änderungsbedarf des IMS • Aussagen zum Integrationspotenzial der IMS-Prozesse in die Geschäftsprozesse	• Schlussfolgerung zur fortdauernden Eignung, Angemessenheit und Wirksamkeit des IMS • Änderungsbedarf am IMS • Möglichkeiten, die Integration des IMS in die Geschäftsprozesse zu verbessern
12 Ressourcenbereitstellung	
• Aussage zur Angemessenheit der Ressourcen der vergangenen Periode • Aussage zum zukünftigen Bedarf an Ressourcen	• Bewertung der Angemessenheit von Ressourcen • Bedarf an erforderlichen Ressourcen
13 Außerordentliches Thema	
• Platzhalter für bedeutende Themen der Organisation, die nicht in den Standardanforderungen (Eingaben oder Ausgaben) der Managementbewertung enthalten sind (z. B. Themen aus dem Bereich der Nachhaltigkeit)	• Kein Bezug
14 Anlagen zur Bewertung	
• Unter diesem Punkt werden mitgeltende dokumentierte Informationen aufgelistet. Diese Dokumente müssen nicht körperlich dem Review beigefügt werden. Es reichen Quellenbezüge oder Verweise auf den Ort der Datenspeicherung/Datenablage.	• Kein Bezug

Grundlage der Bewertungspunkte 1 bis 12 sind die Anforderungen der Normen des IMS an das Management-Review. Der Bewertungspunkt 13 (Außerordentliches Thema) ist eine frei wählbare Option, um auch Themen ins Management-Review aufzunehmen, die die Organisation ansonsten noch für wichtig erachtet (z. B. Nachhaltigkeitsthemen).

Die Dokumente und Informationen, die den Teilnehmern des Management-Reviews vorab zur Information zur Verfügung gestellt wurden, sind Teil des Management-Review-Protokolls und werden in die Anlagen zum Review aufgenommen. Gleiches gilt ggf. für eine Liste der Folgemaßnahmen aus der Bewertung.

3.3 Review-Daten bewerten und Maßnahmen festlegen

Bewertungsschemata

Die ISO-Normen fordern eine Bewertung der Leistungen und der Wirksamkeit des IMS im Management-Review. Die Art der Bewertung ist nicht vorgegeben. Sie sollte aber den Sachverhalt klar darlegen. Ohne viele Worte kann man dazu Abstufungskriterien wie Noten, Symbole oder Signale verwenden.

Ampelsystem

Am gebräuchlichsten ist die Ampelbewertung anhand der Farben Grün, Gelb und Rot. Damit kann eine eindeutige Bewertung in drei Stufen vorgenommen werden. Es muss aber klar definiert werden, welchen Sachverhalt die einzelnen Farben bezeichnen und welche möglichen Auswirkungen der Abstufung es gibt. Ein Beispiel zeigt Tabelle 8.

Tabelle 8: Bewertungsschema Ampel

Farbe	Sachverhalt	Auswirkung
Grün	• Alles im guten Bereich • IMS-Ziele fast vollständig erreicht • Keine besonderen Risiken • Keine Defizite • Anforderungen nach Normen erfüllt	• Keine Maßnahmen notwendig • Ggf. noch kleineres Verbesserungspotenzial
Gelb	• Erkennbare Defizite • Sachverhalt muss genauer geprüft und bewertet werden • Ziele nur zum Teil erreicht • Abweichungen und Probleme erkennbar • Anforderungen der Normen nur teilweise erfüllt	• Maßnahmen zur Korrektur und Verbesserung sollten durchgeführt werden. • Ggf. Verifikation des Maßnahmenerfolgs durchführen
Rot	• Kritische Abweichung vom Soll • Erhebliche Probleme • Ziele weitgehend nicht erreicht • Gravierende Abweichungen und Probleme erkennbar • Anforderungen der Normen weitgehend nicht erfüllt	• Maßnahmen zur Problembewältigung müssen zeitnah durchgeführt werden. • Zeitnahe Verifikation der Wirksamkeit der Maßnahmen ist durchzuführen.

Schulnotensystem

Eine weitere differenziertere Möglichkeit ist eine Bewertung in Form einer Abstufung, die sich an einem vereinfachten Schulnotensystem orientiert (s. Tabelle 9).

Tabelle 9: Bewertungsschema Schulnotensystem

Symbol/Einstufung	Sachverhalt	Auswirkung
++/exzellent	• Erwartungen voll erfüllt • Ziele teilweise übertroffen • Keine erkennbaren Risiken • Keine Abweichungen vom Soll • Anforderungen nach Normen voll erfüllt	• Keine Maßnahmen notwendig • Kein Verbesserungspotenzial vorhanden
+/gut	• Keine erkennbaren Defizite • IMS-Ziele fast vollständig erreicht • Keine besonderen Risiken • Vereinzelt Abweichungen vom Soll • Anforderungen der Normen fast vollständig erfüllt	• Vereinzelt kleine Maßnahmen zur Verbesserung vorhanden
-/akzeptabel	• Erkennbare Defizite • Sachverhalt muss genauer geprüft und bewertet werden. • Ziele zum Teil erreicht • Abweichungen und Probleme erkennbar • Anforderungen der Normen nur teilweise erfüllt	• Maßnahmen zur Korrektur und Verbesserung sollten durchgeführt werden. • Ggf. Verifikation des Maßnahmenerfolgs durchführen
- -/schlecht	• Kritische Abweichung vom Soll • Erhebliche Probleme • Ziele weitgehend nicht erreicht • Gravierende Abweichungen und Probleme erkennbar • Abforderungen der Normen weitgehend nicht erfüllt	• Maßnahmen zur Problembewältigung müssen zeitnah durchgeführt werden. • Zeitnahe Verifikation der Wirksamkeit der Maßnahmen ist durchzuführen
0	• Nicht zutreffend	

Darüber hinaus gibt es in der Praxis noch weitere Stufenbewertungssysteme, die für das Management-Review herangezogen werden könnten. Die endgültige Auswahl des Bewertungsverfahrens sollte sich auch im Hinblick auf die Erfahrung und Akzeptanz an den in der Organisation gebräuchlichen Verfahren orientieren.

Bewertung diskutieren

Die Bewertung durch die oberste Leitung und die anderen Führungskräfte erfolgt im Rahmen einer Diskussion über die zur Bewertung anstehenden Fakten, z. B. ob die Ziele zum IMS alle erreicht sind oder ob es Abweichungen in einigen Zielkategorien gibt. Es ist eine der Sachlage und den Kriterien entsprechende Bewertung vorzunehmen, z. B. dass die Ziele zum QM, UM und EnMS erreicht wurden, aber Ziele im Arbeitsschutz nur teilweise umgesetzt wurden. Die Bewertung für diesen Sachstand könnte +/gut lauten. Das Nichterreichen einiger Ziele im Arbeitsschutz müsste dokumentiert werden, und bei den Maßnahmen muss ein Eintrag erfolgen, auf welchem Wege eine Zielerreichung noch möglich ist oder welche Ersatzmaßnahmen getroffen werden können.

3.4 Ergebnisse dokumentieren und Maßnahmenplan erstellen

Protokoll zum Management-Review

Das Ergebnis der Bewertung der Fakten zum IMS und die getroffenen Entscheidungen zu Maßnahmen werden in einem Protokoll zum Management-Review dokumentiert.

Wenn man das Management-Review vom Umfang her begrenzen möchte, muss man die zurzeit gängige Praxis des Aufbaus von Reviews betrachten. In der Regel wird jedes zur Bearbeitung anstehende Thema des Reviews, z. B. „Audits", in drei Schritten dokumentiert:

1. Beschreibung des Ergebnisses,
3. Bewertung des Ergebnisses inkl. des Bewertungsergebnisses,
4. ggf. Folgemaßnahmen aus der Bewertung, wenn erforderlich.

Schritt 1 am umfangreichsten

Unter Schritt 1 wird der derzeitige Sachverhalt (Fakten) des Themas beschrieben oder über eine Grafik abgebildet. Diese Informationen sind bereits in anderen Dokumenten des IMS enthalten, z. B. Berichtswesen zu den einzelnen Managementsystemen oder Teilen davon, dokumentierten Daten aus dem Controlling, Auswertungen und Protokollen aus den Prozessen oder dem IMS selbst, z. B. Kundenzufriedenheitsauswertungen, Kennzahlenlisten (Führungscockpit), Auditberichten, Unfallstatistiken oder Abfallstatistik. Das alles erfordert Platz, und so ist es kein Wunder, wenn mehr als 50 % des benötigten Platzes im Review auf Schritt 1 entfallen. Dann folgen die Bewertung (Schritt 2) und ggf. das Formulieren von Maßnahmen (Schritt 3), wenn das Ergebnis der Bewertung den Erwartungen der obersten Leitung nicht entspricht. Der Platzbedarf für die Informationen zu diesen beiden Punkten ist in der Regel deutlich geringer als der zu Schritt 1.

Umfang durch geeignete Darstellung reduzieren

Treiber für die Ausweitung des Umfangs des Reviews ist also die Darstellung der Fakten. Bezüglich Schritt 1 wäre es daher besser, die Darstellung der Fakten auf Stichworte zu beschränken und ergänzend einen detaillierten Quellennachweis (ggf. Link) einzufügen. Die Bewertung (Schritt 2) muss nicht in Prosa vorgenommen werden, sondern kann über eine Einstufungssystematik, z. B. Ampelschema, erfolgen. Wenn notwendig, können auch dazu ergänzende Informationen über Stichworte gegeben werden. Schritt 3 „Maßnahmen" kann auch über Stichworte (z. B. Maßnahme x: Politik überarbeiten) dargestellt werden, erfordert dann aber den Verweis auf einen Maßnahmenplan (kann auch elektronischer Natur sein), der die Details zu der geplanten Maßnahme enthält. Auf diesem Wege lässt sich der Umfang des dokumentierten Ergebnisses des Management-Reviews auf das Notwendigste begrenzen, und aus einer (ungeliebten) Pflicht kann ein akzeptiertes Führungsinstrument werden.

Unterschrift

Das Erstellen des schriftlichen Protokolls zum Management-Review ist eine klassische Aufgabe für den Managementsystembeauftragten (ggf. auch externen Berater). Die aus formalen Gründen notwendige Unterschrift unter das Protokoll muss aber die oberste Leitung leisten, wobei es nicht unüblich ist, dass der Managementsystembeauftragte das Protokoll ebenso unterzeichnet. Das Management-Review liegt zwar in der Verantwortung der obersten Leitung, letztlich ist es aber, wie das gesamte IMS, eine Gemeinschaftsleistung.

Kennzahlenmatrix

Die im Management-Review beschlossenen IMS-Ziele und Maßnahmen können im Protokoll des Management-Reviews dokumentiert werden. Um das Review vom Umfang her weiter zu begrenzen, erfolgt die Dokumentation von Zielen und Maßnahmen häufig in separaten Anhängen zum Protokoll. In gleicher Weise kann mit neuen oder geänderten Kennzahlen und den dazugehörenden Zielwerten verfahren werden. In der Form einer Kennzahlenmatrix sind sie für eine weitere Bearbeitung und Verfolgung auch besser zu handhaben.

60626_06.xlsx

Eine beispielhaft befüllte einfache Excel-Tabelle einer solchen Kennzahlenmatrix für das beschriebene IMS finden Sie beigefügt.

Im Fall einer elektronischen Ziel- und Maßnahmenverfolgung (z. B. durch CAQ-System) kann der Anhang Maßnahmenliste auch entfallen, wenn im Protokoll des Reviews ein Verweis (Pfadangabe) auf das genutzte Tool gesetzt wird.

Anforderungen an Maßnahmenpläne

Maßnahmenpläne in Managementsystemen müssen ein Mindestmaß an Informationen und Festlegungen enthalten. Dazu gehören:

- Umsetzungsverantwortung, ggf. mit Projektteam
- Zeitrahmen der Umsetzung (Start- und Ende-Termin, ggf. Meilensteine)

- benötigte Ressourcen (Finanz- und Sachmittel, Arbeitsstunden und Personal)
- Überwachung der Maßnahme in der Umsetzung (wer, wann, wie)
- Wirksamkeitsbewertung am Ende der Maßnahme (wer, wie)

Bei größeren Maßnahmen ist auch die Erstellung und Nutzung eines Projektplans mit Arbeitsschritten, Meilensteinen und Terminen hilfreich bei der Umsetzung. Bei erkennbaren Abweichungen vom Plan ist die oberste Leitung zeitnah zu informieren.

4 Kommunikation zum Management-Review

Feststellung der Wirksamkeit

In vielen Organisationen und Unternehmen ist mit der Erstellung des Protokolls das Management-Review beendet und dient ggf. noch als Prüfgegenstand für den Zertifizierungsauditor. Eine normative Kernforderung an das Management-Review ist die Feststellung der Wirksamkeit des IMS. Das setzt voraus, dass die Mitarbeiter und Führungskräfte darüber eine Information erhalten, wie ihr Einsatz für das IMS zur Wirksamkeit in der Vergangenheit beigetragen hat und in Zukunft beitragen soll. Um das zu erreichen, ist eine fundierte und ausreichende Kommunikation zum Management-Review verbunden mit zielorientierter Information notwendig. Kommunikation ist ein entscheidender Erfolgsfaktor zur Bewusstseinsbildung über die Bedeutung des IMS in der Organisation.

Kommunikationswege

Die Wege der Kommunikation und deren Medien kann die Organisation frei wählen. Es bieten sich zum Transport der Information folgende Wege an:

- das Intranet der Organisation,
- auf schwarzen Brettern oder Bildschirmen in häufig frequentierten Unternehmensbereichen,
- in der Unternehmenszeitung,
- auf im Unternehmen ausgelegten Flugblättern oder Flyern,
- im Verbund mit betrieblichen Unterweisungen zu anderen Themen (z. B. Arbeitsschutz),
- ggf. andere von der Organisation genutzte Kommunikationswege.

Fassungen für unterschiedliche Adressaten

Neben dem, was und wie kommuniziert wird, ist es ebenso wichtig, wer welche Informationen in welchem Detaillierungsgrad erhält. Die oberste Leitung sollte darüber entscheiden, wie und welche Ergebnisse des Management-Reviews für die Mitarbeiter und Führungskräfte bereitgestellt werden sollen. Angesichts des unterschiedlichen Informationsstands in der Organisation ist das Protokoll zum Review in seiner Ursprungsfassung meist nur für höhere und mittlere Führungskräfte verständlich. Die anderen Mitarbeiter benötigen eine entsprechende Aufarbeitung des Ergebnisses. Seitens der Führung sollte die Entscheidung getroffen werden, welche führenden Mitarbeiter das Ergebnis des Management-Reviews in der Originalfassung erhalten sollen (z. B. über Netzwerkfreigaben).

Orientierung für die Mitarbeiter

Für den größten Teil der Belegschaft sollten die Kernaussagen des Reviews in eine verständliche Kommunikationsform überführt werden, z. B. in Grafiken oder kurze Tabellen mit Vergleichen (z. B. Soll-Ist, Trenddarstellung). Dabei sollte man auch prüfen, welche Informationen von Bedeutung für die allgemeine Belegschaft sind und welche nicht. Letztere können auch weggelassen werden. Ein lebendes IMS muss von den Mitarbeitern verstanden werden. Dazu ist es notwendig, dass die Mitarbeiter über den Grad der Zufriedenheit der Leitung mit der Leistung des IMS Kenntnis haben. Nur so erhalten sie eine Orientierung über den aktuellen Status des IMS.

Zum Teil können auch Ergebnisse des Management-Reviews in den allgemeinen Teil des Geschäftsberichts übernommen werden. Im Hinblick auf eine mögliche Nachhaltigkeitsstrategie der Organisation ist die Übernahme von Ergebnissen aus dem Review auch in einem Nachhaltigkeitsbericht, wenn relevant, denkbar.

5 Nachverfolgung des Management-Reviews

In der Praxis wird das Management-Review nur einmal im Jahr aktualisiert. Im Sinne einer konsequenten Unternehmensführung sind aber auch kürzere Zeiträume denkbar. In vielen Organisationen finden monatliche Geschäftsmeetings statt. In diesen werden Budgeteinhaltung, Auftragssituation, Qualitäts- und weitere Themen, die für den Geschäftserfolg von Bedeutung sind, überprüft und ggf. neue oder weitere Maßnahmen beschlossen, die die Erreichung der vereinbarten Geschäftsziele absichern sollen.

Anlehnung an Quartalsberichte

Insbesondere bei größeren börsennotierten Unternehmen ist es üblich, einen Quartalsbericht zu erstellen. Der vierte Quartalsbericht entspricht dann dem Jahresabschluss. Die Quartalszahlen zeigen die wirtschaftliche Entwicklung des Unternehmens der vergangenen drei Monate. Die Quartalsberichte werden in der Regel auch genutzt, um geschäftliche Entwicklungen in ihrem Trend zu verfolgen und mit den geplanten Jahreszielen zu vergleichen. Das Quartalsergebnis wird in der Regel in der Führungsmannschaft des Unternehmens diskutiert und ggf. werden auch Maßnahmen der Korrektur beschlossen.

Reduzierte Zwischenreviews

Für eine unterjährige Überwachung des IMS und seiner wesentlichen Leistungsgrößen ist in der Regel eine quartalsmäßige Überprüfung in Form eines reduzierten Reviews (s. Abschnitt 2.1) ausreichend. Die vereinbarten Maßnahmen des letzten Management-Reviews sollen ja nicht in Vergessenheit geraten. Die Durchführung der zu betrachtenden Review-Themen sollte auf die gleiche Weise erfolgen wie das Jahres-Review. Das Ergebnis des Zwischen-Reviews sollte in einem verkürzten, nur die behandelten Themen umfassenden Protokoll dokumentiert werden. Wenn Ziele oder andere Maßnahmen aufgrund von Ereignissen korrigiert oder geändert werden müssen, ist das im Review-Protokoll zu vermerken. Das vierte Protokoll enthält dann wieder das gesamte Management-Review.

Änderung an Zielen und Maßnahmen

Keine Zielsetzung ist für die Ewigkeit in Stein gemeißelt, und die Welt dreht sich auch weiter. Das gilt ebenso für Ziele und Maßnahmen, die aus dem letzten Management-Review abgeleitet wurden. Korrekturen von Fehlentwicklungen und Änderungen zur Anpassung an strategische und/oder operative Gegebenheiten sind Alltagsgeschäft einer jeden Organisation. Damit diese Korrekturen und Änderungen ihre Wirkung entfalten können, ist es unabdingbar, dass sie den Beteiligten in der Organisation vermittelt und erläutert werden. Dazu ist bei den Zwischen-Reviews die gleiche Informationskaskade zu nutzen wie bei der Bekanntmachung der Ergebnisse des großen Jahres-Reviews. Das heißt, die alten Ziele und Maßnahmen müssen offiziell zurückgenommen werden, und die neuen Ziele und Maßnahmen müssen kommuniziert werden. Dabei ist es von großer Wichtigkeit, dass die Veränderungen von Zielen und Maßnahmen den Betroffenen und Mitarbeitern verständlich erläutert werden.

Nachverfolgung des Reviews

6 Quellen

[1] DIN EN ISO 9001:2015 – Qualitätsmanagementsysteme – Anforderungen (ISO 9001:2015)

[2] DIN EN ISO 14001:2015 – Umweltmanagementsysteme – Anforderungen mit Anleitung zur Anwendung (ISO 14001:2015)

[3] DIN EN ISO 45001:2018 – Managementsystem für Sicherheit, Gesundheit bei der Arbeit – Anforderungen mit Anleitung zur Anwendung (ISO 45001:2018)

[4] DIN EN ISO 50001:2018 – Energiemanagementsysteme – Anforderungen mit Anleitung (ISO 5001:2018)

[5] de.wikipedia.org/wiki/ZVEI-Kennzahlensystem

[6] de.wikipedia.org/wiki/Du-Pont-Schema